计算机专业“十三五”规划教材

路由交换技术与网络安全

主　编　卢宏才　成思豪　牛泉林
副主编　潘　丽　刘亚琦　张　凯

北京希望电子出版社
Beijing Hope Electronic Press
www.bhp.com.cn

内容简介

路由技术是互联网络必不可少的核心技术。本书根据人才培养目标、专业建设方案等方面的专业课程标准，以强化专业技能培养为目标，安排教材内容。本书共 10 章，内容包括计算机网络概述、IP 编址、VRP 基础、交换机基础、STP 和 RSTP、路由、VLAN 原理及配置、防火墙技术、计算机网络安全技术和网络地址转化技术。

本书可作为大中专院校计算机专业的教材，也可以作为培训班的实训教材，还可作为学习和了解网络技术的参考用书。

图书在版编目（CIP）数据

路由交换技术与网络安全 / 卢宏才，成思豪，牛泉林主编. -- 北京 : 北京希望电子出版社，2019.7
（2023.8 重印）

ISBN 978-7-83002-697-4

Ⅰ. ①路… Ⅱ. ①卢… ②成… ③牛… Ⅲ. ①计算机网络－路由选择②计算机网络－网络安全 Ⅳ. ①TN915.05②TP393.08

中国版本图书馆 CIP 数据核字（2019）第 128183 号

出版：北京希望电子出版社
地址：北京市海淀区中关村大街 22 号
中科大厦 A 座 10 层
邮编：100190
网址：www. bhp. com. cn
电话：010-82626270
传真：010-62543892
经销：各地新华书店

封面：赵俊红
编辑：全　卫
校对：薛海霞
开本：787mm×1092mm 1/16
印张：13
字数：333 千字
印刷：廊坊市广阳区九洲印刷厂
版次：2023 年 8 月 1 版 2 次印刷

定价：38. 00 元

前 言

在现代社会，计算机网络技术被广泛应用于诸多领域及行业。在不同的领域中应用网络技术需要不同的网络平台支持，这就需要良好的路由交换技术。在计算机网络技术中，路由器是连接网络的枢纽，是信息源头到信息宿的途径。为了快捷实现网络连接，提升网络服务质量，就需要选择路由交换设备。现在路由交换设备以 Cisco 和华为为主，延伸出来的路由交换技术的教材也围绕这些设备中的技术为主。Cisco 作为行业中的先驱，以 Cisco 设备中的技术为主的教材已经很多，但是针对华为设备技术的教材目前几乎没有。

目前，很多院校计算机网络专业都将路由交换技术列为一门重要的专业核心课程。本书编写人员多次参与企业方面培训，与行业专家多次交流，同一线课程负责人一起，从人才培养目标、专业建设方案等方面明确专业课程标准，强化专业技能培养，安排教材内容。根据岗位技能要求，引入企业案例，旨在提高学生的专业技能。

本书共 10 章，内容包括计算机网络概述、IP 编址、VRP 基础、交换机基础、STP 和 RSTP、路由、VLAN 原理及配置、防火墙技术、计算机网络安全技术和网络地址转化技术。本书内容力求细致全面、重点突出，文字叙述注重言简意赅、通俗易懂，强调案例的针对性和实用性。通过课堂实战和综合演练，提高学生的实际应用能力。

本书由甘肃工业职业技术学院的卢宏才、成思豪、牛泉林担任主编，由兰州职业技术学院的潘丽、甘肃工业职业技术学院的刘亚琦和张凯担任副主编。其中，卢宏才编写了第 3 章、第 5 章、第 7 章和第 8 章，成思豪编写了第 1 章、第 2 章和第 4 章，牛泉林编写了各章节习题，潘丽编写了第 10 章，刘亚琦编写了第 9 章，张凯编写了第 6 章。

本书实例丰富，图文并茂，结构合理，适合作为高等院校的教材，也可供网络工程技术人员参考。本书的相关资料可扫本书封底的微信二维码或登录 www.bjzzwh.com 获得。

由于编者水平有限，书中难免有疏漏之处，恳请广大读者批评指正。

编 者

前 言

[illegible]

编 者

目 录

第 1 章　计算机网络概述

【本章导读】

计算机网络是计算机技术和通信技术紧密结合的产物，计算机网络是 20 世纪 50 年代兴起的，近 20 年得到迅猛发展，在信息社会中起着举足轻重的作用。

计算机网络经历了萌芽、初建、发展等阶段。计算机网络发展到今天已渗透到科学技术、政治、经济、军事等诸多领域，对社会的发展、生产结构和人类的生活方式等均产生深刻影响和冲击，并在社会信息化的进程中扮演着重要角色，成为一个国家社会经济发展的重要支柱。

【本章学习目标】

- 了解计算机网络的基本知识
- 理解计算机网络拓扑结构
- 掌握协议与分层
- 理解 ISO/OSI 参考模型
- 掌握 TCP/IP 体系结构

1.1　计算机网络基本知识

简单地说，各自独立的计算机和其他附属设备以及通信介质相互连接形成的集合就是一个计算机网络。所谓计算机网络，是通过功能完善的网络软件实现资源共享和数据通信的系统。独立意味着每台联网的计算机是完整的计算机系统，可以独立完成用户的作业；相互连接意味着两台计算机之间能够相互交换信息。

1.1.1　计算机网络涉及的层面

一般的计算机网络均会涉及以下几个方面。

1. 传输介质

计算机之间进行连接、互相通信和交换信息是通过传输介质来实现的，传输介质可以是双绞线、光纤、同轴电缆等有线物质，也可以是激光、微波等无线物质。

2. 通信协议和网络软件

计算机之间要通信，要交换信息，彼此就需要有某些约定和规则，这些约定和规则就是通信协议。每一个厂商生产的计算机网络产品都有自己的通信协议，不同厂商的通信协议之间不能直接通信。但是，随着国际化程度的提高，人们认识到互相通信的重要性，因此定义了国际通用的通信协议，各厂商都遵守这个国际协议，这就使得不同厂商的产品可以互相通信了。

3. 功能性定义

从资源共享的角度来说，计算机网络是一组各自具备独立功能的计算机和其他设备，以允许用户相互通信和共享计算机资源的方式互连在一起的系统，也就是地理位置不同、具有独立功能的计算机（系统）或由计算机控制的外部设备，通过通信设备和传输介质，在网络操作系统的控制下，按照约定的通信协议进行信息交换，实现资源共享的系统。

资源共享观点的定义符合目前计算机的基本特征：

（1）连网计算机必须遵循全网统一的网络协议。

（2）计算机网络建网的主要目的是实现计算机资源的共享。

（3）连网的计算机是分布在不同地理位置的多台独立的计算机系统。

4. 技术性定义

（1）计算机网络需要网络操作系统的支持。

（2）计算机网络是建立在通信网络基础上的。

（3）计算机必须通过传输介质和网络适配器连接在一起，才能构成网络。

1.1.2 计算机网络的发展

在计算机网络的发展过程中，大体出现过“终端计算机联机系统”“计算机联机系统”和“计算机联网络互联系统”三种不同的网络形式。

1. 终端计算机联机系统

早期的计算机价格昂贵，只有计算机中心才可能拥有。为方便远距离的用户上机，不少计算机中心设置了远程终端，通过通信线路与主机连接。为了提高线路的利用率，往往在每条长途线上挂接多个终端。通过终端先用传输线连接到集中器（Concentrator），再从集中器经长途线路连接到主机。

由于这类系统中的主机要同时承担数据处理和通信处理两个方面的任务，当通信量较大时，数据处理的效率将明显降低。为了避免联机系统中每个终端之间都需要加装收

发器，在20世纪60年代出现了由集中器和前端处理机简称前端机（Front End Processor）支持的远程终端联机系统，如图1-1所示。

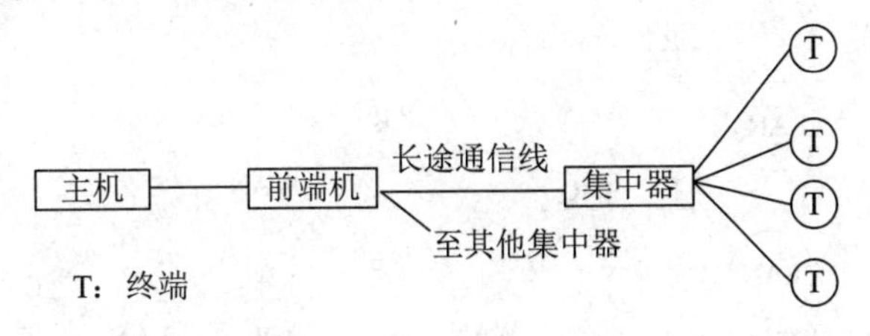

图 1-1　远程终端联机系统

2. 计算机联机系统

计算机联机系统也就是"计算机—计算机"通信能力，这是20世纪60年代中期出现的，以多处理中心为特点的真正的计算机网络。如美国国防部高级研究计划局在1969年建成的ARPA网，当年只连接了4台独立的计算机主机，成为这类计算机网的最早代表，如图1.2所示。

在图1-2中，IMP（Interface Message Processor）代表"接口信息处理机"，TIP（Terminal Interface Processor）代表"终端接口处理机"，它们均可用小型计算机构成。

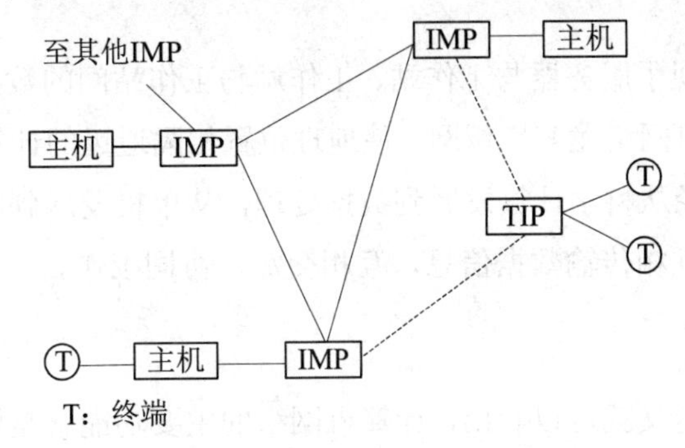

图 1-2　ARPA 网早期结构示意图

ARPA网的成功运行推动了计算机网络的发展。进入20世纪70年代后，许多发达国家相继组建了规模较大的全国性乃至跨国的网络。随着微型计算机的兴起，计算机网络的主流从广域网转向本地网或局域网LAN（Local Area Network）。

3. 计算机网络互联系统

计算机网络互联是把分部在不同地理位置的网络连接起来，实现在更大范围内资源的共享。通常把这种网络之间的连接称做网络互联（Internetworking）。

随着网络应用的扩大，网络互联出现了"局域网—局域网"互联、"广域网—广域网""局域网—广域网"互联等多种方式。它们通过集线器、交换机或路由器等互联设备将不同的网络连接到一起，形成可以相互访问的网际网（Interconnect Network），简

称“互联网”（Internetwork）。典型的因特网就是目前世界上最大的一个国际互联网，如图1-3所示。

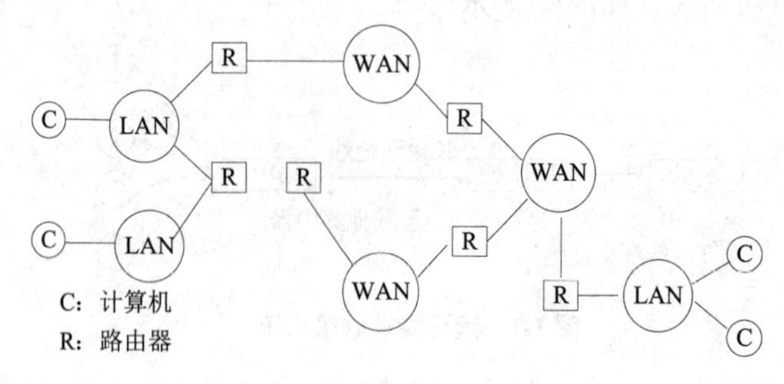

图 1-3　因特网内部结构示意图

1.13　计算机网络的作用

随着计算机网络技术的发展，计算机网络的功能也不断得到扩展，不仅仅局限于资源的共享，而是逐渐地渗入到社会的各个部门和领域。计算机网络的作用非常广泛和重要。可以提供各种信息和服务，具体来说，主要有以下几方面作用。

1. 数据通信

数据通信功能实现了服务器与工作站、工作站与工作站间的数据传输，是计算机网络的基本功能。计算机网络尤其广域网，使地理位置相隔遥远的计算机可以进行远程通信。网络的应用，已经从科学计算发展到数据处理，从单机发展到网络，这使得空间上隔得很远的用户可以互相传输数据信息，互相交流，协同工作。

2. 资源共享

从计算机网络的定义就可以看出，计算机网络的主要功能就是资源共享。在计算机网络中，有许多昂贵的资源，如大型数据库、巨型计算机等，并非为单一的用户所独有。资源共享主要包括硬件共享、软件共享和数据共享。资源共享可以最大程度地利用网络上的各种资源，提高资源的利用率。

3. 集中管理

由于计算机网络技术的发展和应用，使得现代的办公手段、经营管理发生了变化。通过管理信息系统、办公自动化系统等可以实现日常工作的集中管理，这样不但提高了工作效率，而且增加了经济效益。

4. 分布处理

在计算机网络中，还可以将一个比较大的问题或任务分解为若干个子问题或子任务

分散到网络中不同的计算机上进行处理计算。这种分布处理方式在进行一些重大课题的研究开发时是卓有成效的。

5. 综合信息服务

当今社会是一个信息化的社会，个人、办公室、图书馆、学校和企业每时每刻都在产生并处理着大量的信息。信息可以是文字、数字、图像、声音甚至视频，通过计算机及网络就能够收集、处理这些信息，并进行信息的传送。

以上的网络作用是概念上的，具体来说，在日常生活中，计算机网络主要有以下几个方面的应用。

（1）电子邮件，计算机网络可以作为通信媒介，用户可以在自己的计算机上把电子邮件（E-mail）发送到世界各地，这些邮件可以包括文字、声音、图形、图像等信息。

（2）联机会议，利用计算机网络，人们可以通过个人计算机参加会议讨论。联机会议除了可以使用文字外，还可以传送声音和图像。

（3）远程登录，远程登录是指允许一个地点的计算机与另一个地点的计算机进行通信，尽管它们在空间上相隔很远，但是它们可以运行相应的应用程序进行交互式对话等。

（4）数据交换，电子数据交换（EDI）是计算机网络在商业中的一种重要的应用形式。它以共同认可的数据格式，通过网络在贸易伙伴的计算机之间传输数据，代替了传统的贸易单据，从而节省了大量的人力和财力，提高了效率。

在未来，谁拥有“信息资源”，谁能有效使用“信息资源”，谁就能在各种竞争中占据主导地位。随着网络技术的不断发展，各种网络应用层出不穷，并将逐渐深入到社会的各个领域及人们的日常生活当中，改变人们的工作、学习、生活乃至思维方式。

总之，计算机网络的应用范围非常广泛，它已经渗透到社会生活的各个方面。

1.1.4 计算机网络的分类

计算机网络可以有多种分类方法。最常使用的是按覆盖地域大小分类的方法，它将网络区分为局域网、城域网和广域网三类。以下按它们问世的顺序进行分绍。

1. 局域网

局域网是指在较小的范围内的计算机相互连接所构成的计算机网络，如一个实验室、一幢大楼或一个校园。计算机局域网被广泛应用于连接校园、企业以及单位机关的个人计算机或工作站，以利于个人计算机或工作站之间共享资源和进行数据通信。

由于通信距离近，局域网一般采取“基带”传输，在一条线路上只传输一路数据，但传输速率较广域网快。早期局域网的传输速率一般不超过10兆每秒（MB/s）。目前千兆每秒的高速局域网已屡见不鲜，并出现了万兆位级的以太网、ATM局域网、无线局域网等技术。

目前局域网（LAN）技术发展迅速，应用日益广泛，是计算机网络中最为活跃的领域之一。局域网一般具有以下特点。

（1）安全性好。

（2）数据传输率高。

（3）网络覆盖的范围较小。

（4）数据传输可靠，误码率低。

（5）可以根据需要使用多种传输介质。

（6）网络结构简单、建网容易、布局灵活、便于扩展。

在网络发展史上，虽然局域网出现在广域网之后，但由于局域网的以上这些特点，使得局域网在企事业单位、银行金融业、办公自动化等方面得到了普遍应用。

2. 城域网

顾名思义，城域网（MAN）的覆盖区域通常为一个城市。这是在20世纪90年代初期提出的一个新概念。近几年来，城域网的建设和技术有了很大的发展。我国部分城市已经积极开始了城域网的建设工作。

城域网所采用的技术基本上与局域网相类似，城域网是介于广域网与局域网之间的一种大范围高速网络。城域网设计的目标是要满足几十公里范围内的大量企业、机关、公司与社会服务部门的计算机联网需求，实现大量用户、多种信息（数据、语音及图像等）传输的综合信息网络。

3. 广域网

世界上第一个计算机网络ARPA就是广域网，它在地理上跨越了美国的多个州。20世纪70年代，国外已有一批广域网投入运行。其广域网通常跨越很大的地理范围，是由多个局域网通过公共传输通信网络，如公用电话交换网络（PSTN）、综合业务数据网络（ISDN）、x.25网络等连接而成。20世纪80年代中期，在铁路、银行业和民航业等系统率先建立了跨地区的行业网。20世纪90年代初，又在政府统一规划下陆续建设了国家经济信息网、中国科技网和中国教育科技网等全国性的广域网，它们在我国的社会主义现代化建设中都发挥了应有的作用。

广域网包含很多主机，把这些主机连接在一起的是通信子网。通信子网的任务是在各个主机之间传送报文。将计算机网络中通信部分的子网与应用部分的主机分离开来，可以大大简化网络的设计。

1.1.5　网络的标准化组织

网络的标准化组织主要有以下几个。

1. 国际标准化组织 ISO

国际标准化组织ISO由美国国家标准组织ANSI（American National Standards Institute）及其他各国的国家标准组织的代表组成。

2. 电气电子工程师协会 IEEE

（1）IEEE（Institute of Electrical and Electronics Engineers）是一个国际性的电子技术与信息科学工程师的协会，是目前全球最大的非营利性专业技术学会，其会员人数超过40万人，遍布160多个国家.

（2）对于网络而言，IEEE一项最了不起的贡献是对IEEE 802协议进行了定义。IEEE 802协议主要被用于局域网。

3. 美国国防部高级研究计划局 ARPA

（1）ARPA（Advanced Research Projects Agency，美国国防部高级研究计划局）又被称为DARPA，其中，D（Defense）表示国防部。

（2）ARPA最主要的贡献是提供了连接不同厂家计算机主机的TCP/IP通信标准。

1.1.6　计算机网络的应用

计算机网络可以应用于任何地方，任何行业，主要包括：政治、经济、军事、科学、生活及文化教育等诸多方面，它将为各行各业以至人们的生活带来崭新的通信手段和崭新的变化。随着网络技术的发展和各种网络应用的需求，计算机网络应用的范围在不断扩大，应用领域越来越拓宽，越来越深入，许多新的计算机网络应用系统不断地被开发出来，如：辅助决策、远程教学、虚拟大学、工业自动控制、管理信息系统、电子博物馆、全球情报检索与信息查询、网上购物、电子商务、电视会议、过程控制等。

1.2　计算机网络拓扑结构

网络拓扑结构是计算机网络节点和通信链路所组成的几何形状。计算机网络有很多种拓扑结构，最常见的网络拓朴结构有如下几种。

1.2.1 总线形拓扑结构

总线形拓扑结构是网络中的所有站点均通过一条主干线（总线）连接起来。站点间的数据沿着主干线进行广播式传输，以此发送到网络中的其他所有站点中去。总线形拓扑结构的网络易于安装，实现成本低，可靠性较高，缺点是不易管理，一旦传输介质出现故障将影响到整个网络，故障也难以定位和监控，总线形拓扑结构如图1-4所示。通常，总线形拓扑结构有如下特点。

（1）结构简单灵活，易于扩展。

（2）易于安装，费用低。

（3）网络效率和带宽利用率低。

（4）采用分布控制方式，各结点通过总线直接通信。

（5）共享能力强，便于广播式传输。

（6）网络响应速度快，但负荷重时则性能迅速下降。

（7）各工作站点平等，都有权使用总线，不受某站点仲裁。

（8）局部站点故障不影响整体，可靠性较高。但是，总线一旦出现故障，则将影响整个网络运行。

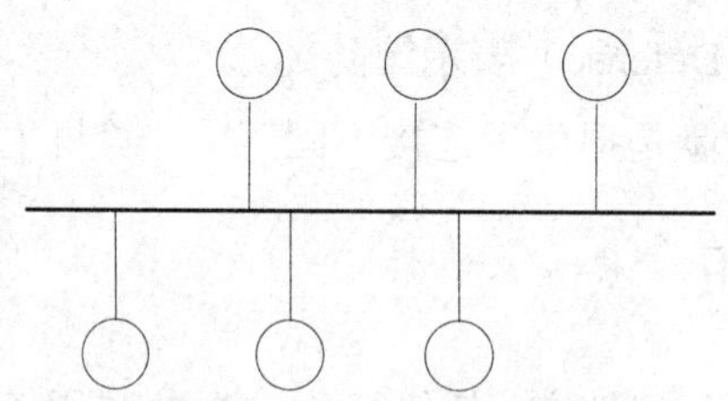

图 1-4　总线形拓扑结构

1.2.2 环形拓扑结构

环形结构中各个结点连接形成一个闭合回路，数据可以沿环单向传输，也可沿环向两个方向传输，实际网络实现中以单向环居多。环形拓扑的优点是结构简单，增删结点容易，并且传输延迟确定，缺点是可靠性差，任何一个结点失效都将影响整个网络。为了维护环的正常运作，需要复杂的环管理和环维护，环形拓扑结构如图1-5所示。通常，环形拓扑结构的特点如下。

（1）可扩充性差。

（2）两个节点之间仅有唯一的路径，简化了路径选择。

（3）在环形网络中，各工作站间无主从关系，结构简单。

（4）信息流在网络中沿环单向传递，延迟固定，实时性较好。

（5）可靠性差，任何线路或节点的故障，都有可能引起全网故障，且故障检测困难。

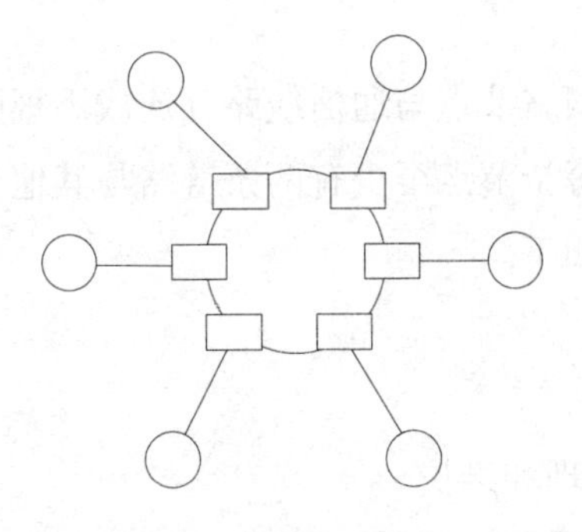

图 1-5　环形拓扑结构

1.2.3　星形拓扑结构

星形拓扑中，每个结点都通过单独的通信线路与中心结点相连，任何一对结点之间的通信必须通过中心结点的交换才能实现。星形拓扑构形简单，易于管理。但它的可靠性较低，因为一旦中心结点失效，整个网络就将瘫痪。星形拓扑的中心结点往往相当复杂，如图1-6所示。

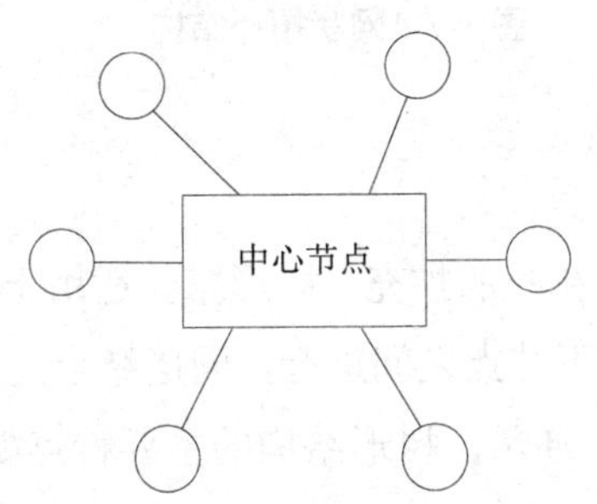

图 1-6　星形拓扑结构

星形结构的每个节点都由一条到点链路与中心节点（公用中心交换设备，如交换机、HUB等）相连。通常，星形结构的主要特点如下。

（1）易实现结构化布线。

（2）星形结构易扩充，易升级。

（3）通信线路专用，电缆成本高。

（4）星形拓扑结构简单，便于管理和维护。

（5）星形结构的网络由中心节点控制与管理，中心节点的可靠性基本上决定了整个网络的可靠性。

（6）中心节点负担重，易成为信息传输的瓶颈，且中心节点一旦出现故障，会导致全网瘫痪。

1.2.4　网状拓扑结构

网状拓扑结构是指将各网络节点与通信线路互连成不规则的形状，每个节点至少与其他两个节点相连，或者说每个节点至少有两条链路与其他节点相连，如图1-7所示。通常，网状结构的主要特点如下。

（1）线路成本高。

（2）适用于大型广域网。

（3）结构复杂，不易管理和维护。

（4）每个节点都有冗余链路，可靠性高。

（5）因为有多条路径，所以可以选择最佳路径，减少时延，改善流量分配，提高网络性能，但路径选择比较复杂。

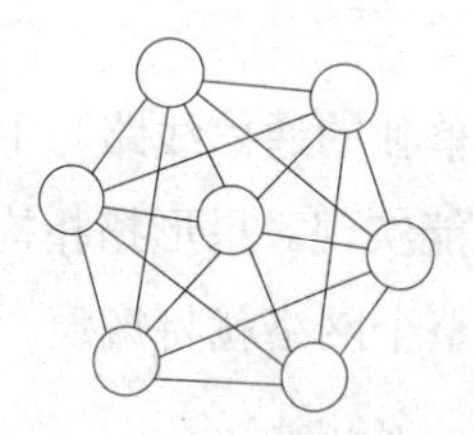

图 1-7　网状拓扑结构

1.2.5　树形拓扑结构

树形拓扑可以看成是星形拓扑的扩充。树形拓扑适用于汇集信息应用场合。在这样的场合，信息交换主要在上、下结点之间进行，同层结点之间一般不进行数据交换或交换数据量很小，如图1-8所示。通常，树形结构的主要特点如下

（1）易于扩展。

（2）电缆成本高。

（3）易于故障隔离，可靠性高。

（4）这种结构是天然的分级结构。

（5）对根节点的依赖性大，一旦根节点出现故障，将导致全网不能工作。

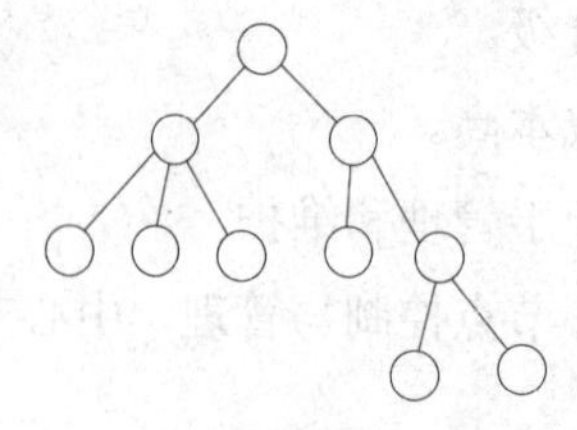

图 1-8　树形拓扑结构

1.3　协议与分层

在计算机网络中，分层次的体系结构是最基本的概念。讲到体系结构，不可避免要涉及到“协议”这一重要概念。“协议”是外交用语，是为了顺利地进行国家与国家之间的交流而规定（约定）的章程。把这种章程移用到通信上，就是“通信协议”，它能够顺利地进行某系统与其他系统的通信。因此，把为进行网络中的数据交换而建立的规则、标准、约定称为“网络协议”。

1.3.1　网络协议的组成

一个网络协议由语法、语义和同步（定时）组成。

（1）语法：规定了数据与控制信息格式。

（2）语义：规定了发送者及接收者所要完成的操作。

（3）同步：包括速度匹配和排序等。

即，语法管的是“讲的方式”，语义管的是“讲的内容”，同步管的是“演讲者与受众的互动关系”。受众认为讲得快了，演讲者就说慢一些；受众认为讲慢了，演讲者就说快一些。

1.3.2　分层

把要处理的问题划分成较小的易于处理的片段，这就是“分层”的概念。ARPA的研究经验表明，对于异常复杂的计算机网络协议，为了减少协议设计和调试过程的复杂性，其结构最好采用层次式的。具体地说，层次结构应包括以下几个含义。

（1）第N层的实体在实现自身定义的功能时，只使用第（N－1）层提供的服务。

（2）第N层向第（N＋1）层提供服务，此服务不仅包括第N层本身所具有的功能，还包括所有下层服务提供的功能的总和。

（3）最底层只提供服务，是服务的基础；最高层只是用户，是使用服务的最高层；中间各层既是下层的用户，也是上层服务的提供者。

（4）仅在相邻层间有接口，下层所提供服务的具体实现细节对上层完全屏蔽。

实体：是为了进行通信而把那一层所提供的功能模块模型化后的概念，更确切地说，是指能发送和接收信息的任何东西，包括终端、应用软件、通信进程等。

服务：第N层要实现本层的功能，前提是使用第（N－1）层的功能，也就是第（N－1）层为第N层提供服务。

1.3.3 计算机网络采用层次化结构的优越性

计算机网络采用层次化结构的优越性包括以下几点。

（1）各层之间相互独立。高层并不需要知道低层是如何实现的，而仅需要知道该层通过层间的接口所提供的服务。

（2）灵活性好。当任何一层发生变化时，只要接口保持不变，则在这层以上或以下的各层均不受影响。另外，当某层提供的服务不再被需要时，甚至可将这层取消。

（3）各层都可以采用最合适的技术来实现，各层实现技术的改变不影响其他层。

（4）易于实现和维护。整个系统已被分解为若干个易于处理的部分，这种结构使得一个庞大而又复杂的系统的实现和维护变得容易控制。

（5）有利于网络标准化。因为每一层的功能和所提供的服务都已有了精确的说明，所以标准化变得较为容易。

1.4 ISO/OSI 参考模型

OSI参考模型（OSI/RM）的全称是“开放系统互连基本参考模型”。虽然OSI参考模型的实际应用意义不是很大，但其对于理解网络协议内部的运作很有帮助，也为学习网络协议提供了一个很好的参考。

1.4.1 ISO/OSI 参考模型的结构

为了实现不同厂家开发的计算机系统之间及不同网络之间的数据通信，必须遵循相同的网络体系结构模型，否则异种计算机就无法连接成网络，这种共同遵循的网络体系结构模型就是国际标准——开放系统互连基本参考模型，即OSI/RM（以下称为OSI参考模型）。OSI参考模型中的Open（开放）是指只要遵循OSI标准，一个系统就可以和世界上其他任何也遵循这一标准的系统进行通信。

OSI参考模型定义了开发系统的层次结构、层次之间的相互关系及各层所包括的可能服务。它作为一个框架来协调和组织各层协议的制定，同时它也是对网络内部结构最精炼的概括与描述。根据以上原则，ISO制定的OSI参考模型的结构如图1-9所示。

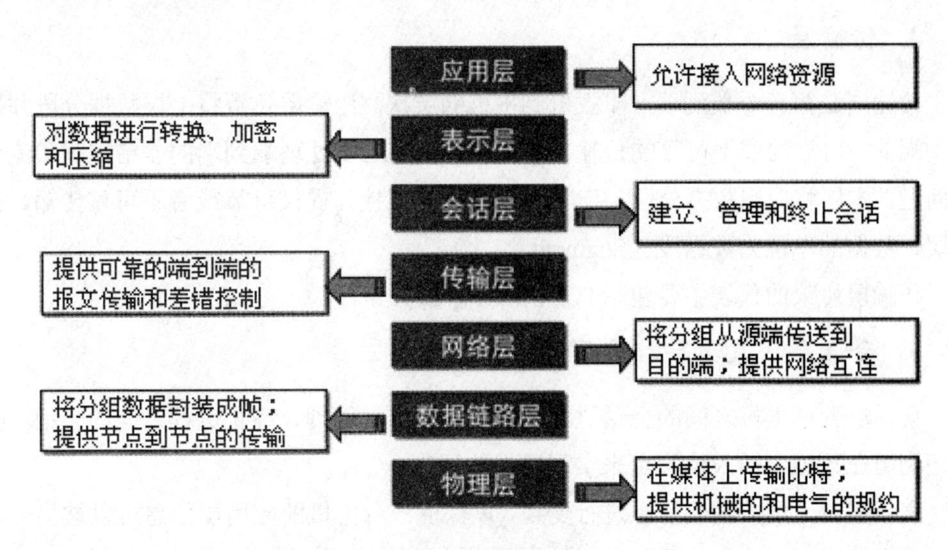

图 1-9　OSI 参考模型的结构

1.4.2　OSI 参考模型中各层的主要功能

1. 物理层

物理层规定了激活、维持、关闭通信端点之间的机械特性、电气特性、功能特性及过程特性。该层为上层协议提供了一个传输数据的物理媒体，其作用是传输二进制信号，典型设备代表如集线器（Hub）。在这一层，数据的单位为比特（Bit）。

物理层定义的典型规范代表主要包括EIA/TIA RS-232、EIA/TIA RS-449、V.35、RJ-45等。

2. 数据链路层

数据链路层在不可靠的物理介质上提供可靠的传输。该层的作用包括物理地址寻址、数据的成帧、流量控制、数据的检错与重发等。数据链路层包括LLC和MAC子层，LLC负责与网络层通信，协商网络层的协议；MAC负责对物理层的控制。本层的典型设备是交换机（Switch）。在这一层，数据的单位为帧（Frame）。

数据链路层协议的代表主要包括SDLC、HDLC、PPP、STP、帧中继等。

3. 网络层

网络层负责对子网间的数据包进行路由选择。网络层还可以实现拥塞控制、网际互连等功能，并负责路由表的建立和维护，以及数据包的转发。本层的典型设备是路由器（Router）。在这一层，数据的单位为数据包（Packet）。

网络层协议的代表主要包括IP、IPX、RIP、OSPF等。

4. 传输层

传输层是第一个端到端，即主机到主机的层次。传输层负责将上层数据分段并提供端到端的、可靠的或不可靠的传输。此外，传输层还要处理端到端的差错控制和流量控制问题。本层将应用数据分段，建立端到端的虚连接，提供可靠或者不可靠传输。在这一层，数据的单位为数据段（Segment）。

传输层协议的代表主要包括TCP、UDP、SPX等。

5. 会话层、表示层、应用层

会话层管理主机之间的会话进程，即负责建立、管理、终止进程之间的会话。会话层还利用在数据中插入校验点来实现数据的同步。

表示层对上层数据或信息进行变换，以保证一台主机的应用层信息可以被另一台主机的应用程序理解。表示层的数据转换包括数据的加密、压缩、格式转换等。

应用层为操作系统或网络应用程序提供访问网络服务的接口。

应用层协议的代表主要包括Telnet、FTP、HTTP、SNMP等。

1.5 TCP/IP 体系结构

1.5.1 TCP/IP 体系结构的层次划分

OSI参考模型的提出，在计算机网络发展史上具有里程碑的意义，以至于谈及计算机网络就不能不提OSI参考模型，但是OSI参考模型也有其定义过分繁杂、实现困难等缺点。与此同时，TCP/IP协议的提出和广泛使用，特别是互联网用户爆炸式的增长，使TCP/IP网络的体系结构日益显示出其重要性。

TCP/IP协议是目前最流行的商业化网络协议，尽管它不是某一标准化组织提出的正式标准，但它已经被公认为目前的工业标准或“事实标准”。互联网之所以能迅速发展，就是因为TCP/IP协议能够适应和满足世界范围内数据通信的需要。

与OSI参考模型不同，TCP/IP体系结构将网络划分为应用层、传输层、互联层和网络接口层四层。TCP/IP各层次与OSI参考模型各层次的对应关系如图1-10所示。

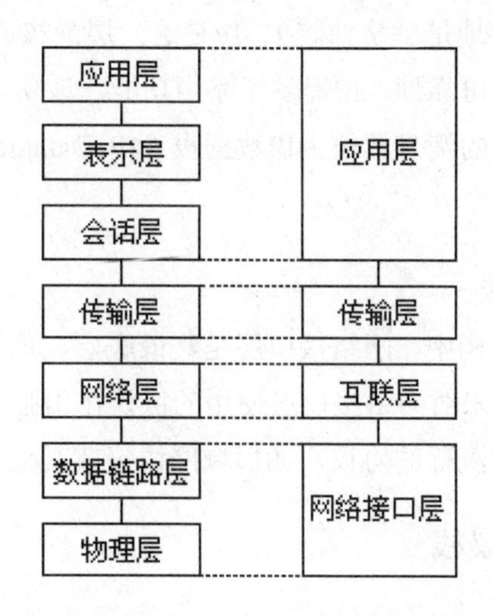

图 1-10　TCP/IP 各层次与 OSI 参考模型各层次的对应关系

1.5.2　TCP/IP 体系结构中各层的功能

1. 应用层

TCP/IP协议中的应用层对应OSI参考模型中的会话层、表示层和应用层。应用层由使用TCP/IP进行通信的程序所提供。一个应用就是一个用户进程，它通常与其他主机上的另一个进程合作。在这一层中定义了很多协议，如FTP（文件传输协议）、TFTP（普通文件传输协议）、HTTP（超文本传输协议）、SMTP（简单邮件传输协议）等。所有的应用软件通过该层利用网络。

2. 传输层

TCP/IP协议中的传输层对应OSI参考模型中的传输层。传输层提供了端到端的数据传输，把数据从一个应用传输到它的远程对等实体。传输层可以同时支持多个应用。这一层包括两个协议，即TCP（传输控制协议）和UDP（用户数据报文协议），负责数据报文传输过程中端到端的连接，并负责提供流控制、错误检测和排序服务。

TCP提供了面向连接的可靠的数据传送、重复数据抑制、拥塞控制及流量控制。UDP提供了一种无连接的、不可靠的、尽力传送的服务。因此，如果用户需要使用UDP作为传输协议的应用，则必须提供各自端到端的完整性控制、流量控制和拥塞控制。通常，对于那些需要快速传输的机制并能容忍某些数据丢失的应用，可以使用UDP。

3. 互联层

TCP/IP协议中的互联层对应OSI参考模型中的网络层。互联层也被称为“互联网络层”和“网际层”。这一层包括IP（网际协议）、ICMP（网际控制报文协议）、IGMP（网际组报文协议）及ARP（地址解析协议）。IP是这一层最核心的协议。它是一种无连接协议，不负责下面的传输可靠性。IP提供了路由功能，该功能试图把发送的消息传输到它们的目的地。IP网络中的消息单位为IP数据报（IP Datagram）。这是TCP/IP网络上传输的基本信息单位。

4. 网络接口层

在TCP/IP分层体系结构中，网络接口层是其最底层，负责通过网络发送和接收IP数据报。TCP/IP体系结构并未对网络接口层使用的协议作出强制的规定，它允许主机连入网络时使用多种现成的和流行的协议，如局域网协议或其他一些协议。

1.5.3 TCP/IP 中的协议栈

计算机网络的层次结构使网络中每层的协议形成了一种从上至下的依赖关系。在计算机网络中，从上至下相互依赖的各协议形成了网络中的协议栈。TCP/IP体系结构如图1-11所示。

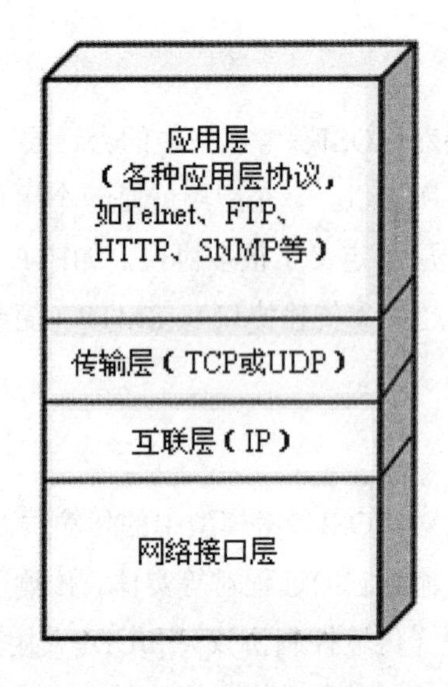

图 1-11　TCP/IP 体系结构

本章小结

本章主要讲述了计算机网络的基本知识、计算机网络拓扑结构、协议与分层、ISO/OSI参考模型和TCP/IP体系结构等相关知识。本章知识点如下。

（1）一般的计算机网络会涉及到传输介质、通信协议和网络软件、功能性定义、

技术性定义等方面。

（2）在计算机网络的发展过程中，有“终端计算机联机系统”“计算机联机系统”和“计算机联网络互联系统”三种不同的网络形式。

（3）计算机网络的作用主要体现在数据通信、资源共享、集中管理、分布处理和综合信息服务等方面。

（4）计算机网络主要分为局域网、城域网和广域网三类。

（5）网络的标准化组织有国际标准化组织ISO、电气电子工程师协会IEEE和美国国防部高级研究计划局ARPA。

（6）最常见的网络拓朴结构有总线形拓扑结构、环形拓扑结构、星形拓扑结构、网状拓扑结构和树形拓扑结构。

（7）一个网络协议由语法、语义和同步（定时）组成。计算机网络采用层次化结构的具有一定的优越性。

（8）ISO/OSI参考模型的结构：物理层、数据链路层、网络层、传输层、会话层、表示层、应用层。

（8）TCP/IP体系结构：应用层、传输层、互联层和网络接口层。

本章习题

一、填空题

1．在OSI参考模型中，传输层的紧邻上层是________层，紧邻下层是________层。

2．局域网协议把OSI数据链路层分为________子层和________子层。

3．TCP/IP网的IP协议的基本任务是通过互连网传送________。

4．OSI模型的表示层主要负责处理数据的________。

5．计算机网络的要素：至少两台计算机，________或________通信介质。

6．计算机网络体系结构的应用层是________和________的接口，其任务是向用户____________________。

7．TCP/IP协议是________协议，它规定了互联网上计算机之间互相通信的方法。

8．最早实现网际互联的网络是________。

9．局域网中常用的有线通信介质有________线和________。

10．一个计算机网络典型系统可由________子网和________子网组成。

二、简答题

1．什么是计算机网络？

2．计算机网络有哪几个基本组成部分？

3．计算机网络为什么一定要有协议？

4．计算机网络可以从哪几方面分类？

5．计算机网络的主要作用有哪些？

6．什么是拓扑？什么是计算机网络的拓扑结构？

7．计算机网络有哪些拓扑结构？

8．一般一个校园网属于哪类网络？

9．参观校园网络或者教学实训楼，画出简易拓扑图，请问单一的拓扑能不能应用在实际生活中？为什么？

10．什么是Internet？

第 2 章　IP 编址

【本章导读】

IP 地址是指互联网协议地址（Internet Protocol Address，又译为网际协议地址），是 IP Address 的缩写。IP 地址是 IP 协议提供的一种统一的地址格式，它为互联网上的每一个网络和每一台主机分配一个逻辑地址，以此来屏蔽物理地址的差异。

【本章学习目标】

- 了解 IP 地址的基本知识
- 掌握子网掩码的相关知识

2.1　IP 地址的基本知识

2.1.1　IP 地址的构成

Internet上的每台主机（Host）都有一个唯一的IP地址。IP协议就是使用这个地址在主机之间传递信息，这是Internet 能够运行的基础。IP地址的长度为32位，分为4段，每段8位，用十进制数字表示，每段数字范围为0～255，段与段之间用句点隔开。例如159.226.1.1。IP地址可以视为网络标识号码与主机标识号码两部分，因此IP地址可分两部分组成，一部分为网络地址，另一部分为主机地址。

将IP地址分成了网络号和主机号两部分，设计者就必须决定每部分包含多少位。网络号的位数直接决定了可以分配的网络数；主机号的位数则决定了网络中最大的主机数。然而，由于整个互联网所包含的网络规模可能比较大，也可能比较小，设计者最后聪明的选择了一种灵活的方案：将IP地址空间划分成不同的类别，每一类具有不同的网络号位数和主机号位数。

2.1.2　IP 地址的分类

IP地址是一个32位的二进制数，通常被分割为4个“8位二进制数”（也就是4个字节）。IP地址通常用“点分十进制”表示成（a.b.c.d）的形式，其中，a，b，c，d都是

0~255之间的十进制整数。例：点分十进IP地址（100.4.5.6），实际上对应的是32位二进制数（01100100.00000100.00000101.00000110）。

在长度为32位的IP地址中，哪些位代表网络号，那些代表主机号呢？这个问题看似简单，意义却很重大，只有明确其网络号和主机号，才能确定其通信地址；同时当地址长度确定后，网络号长度又将决定整个互联网中能包含多少个网络，主机号长度则决定每个网络能容纳多少台主机。

根据TCP/IP协议规定，IP地址由32bit组成，它们被划分为3个部分：地址类别、网络号和主机号。

如果把整个Internet网作为一个单一的网络，IP地址就是给每个连在Internet网的主机分配一个全世界范围内唯一的标示符，定义了A、B、C、D、E五类地址，在每类地址中，还规定了网络编号和主机编号。在 TCP/IP协议中，IP地址是以二进制数字形式出现的，共32bit，1bit就是二进制中的1位，但这种形式非常不适用于人阅读和记忆。因此决定采用一种“点分十进制表示法”表示IP地址：面向用户的文档中，由四段构成的32比特的IP地址被直观地表示为四个以圆点隔开的十进制整数，其中，每一个整数对应一个字节（8个比特为一个字节称为一段）。A、B、C类最常用，如表2-1所示。

表 2-1 IP 地址对应

IP 地址分类	第一个字节	使用十进制表示
A 类	0 0000001 – 0 1111111	1-126
B 类	10 000000 – 10 111111	128-191
C 类	110 00000 – 110 11111	192-223
D 类	1110 0000 – 1110 1111	224-239
E 类	11110 000 – 11110 111	240-247

（1）A类：规定第一字节的最高位为0，7位表示网络号（0～126），后24位表示主机号。

（2）B类：以第一字节的10开始，14位表示网络号（128～191），后16位表示主机号。

（3）C类：以第一字节的110开始，21位表示网络号（192～223），后8位表示主机号。

（4）D类：以第一字节的1110开始，用于互联网多播。

（5）E类：以第一字节的11110开始，保留为今后扩展使用。

IP地址的分类是经过精心设计的，它能适应不同的网络规模，具有一定的灵活性。

表2-2简要地总结了A、B和C 类IP地址可以容纳的网络数和主机数。

表 2-2　A、B、C 3 类 IP 地址可以容纳的网络数和主机数

网络类别	最大网络数	第一个可用的网络号	最后一个可用的网络号	每个网络中最大主机数
A	126（27-2）	1	126	16777214
B	16384（214）	128.0	191.255	65534
C	2097152（221）	192.0.0	223.255.255	254

2.1.3　IP 地址的主要特点

通常，IP地址的主要特点有以下几个。

（1）IP是当前热门的技术。与此相关联的一批新名词，如IP网络、IP交换、IP电话、IP传真等等，也相继出现。

（2）IP是怎样实现网络互连的？各个厂家生产的网络系统和设备，如以太网、分组交换网等，它们相互之间不能互通，不能互通的主要原因是因为它们所传送数据的基本单元（技术上称之为“帧”）的格式不同。IP协议实际上是一套由软件程序组成的协议软件，它把各种不同“帧”统一转换成“IP数据报”格式，这种转换是互联网的一个最重要的特点，使所有各种计算机都能在互联网上实现互通，即具有“开放性”的特点。

（3）“数据报”是什么？它又有什么特点呢？数据报也是分组交换的一种形式，就是把所传送的数据分段打成“包”，再传送出去。但是，与传统的“连接型”分组交换不同，它属于“无连接型”，是把打成的每个“包”（分组）都作为一个“独立的报文”传送出去，所以叫做“数据报”。这样，在开始通信之前就不需要先连接好一条电路，各个数据报不一定都通过同一条路径传输，所以叫做“无连接型”。这一特点非常重要，它大大提高了网络的坚固性和安全性。

（4）每个数据报都有报头和报文这两个部分，报头中有目的地址等必要内容，使每个数据报不经过同样的路径都能准确地到达目的地。在目的地重新组合还原成原来发送的数据。这就要IP具有分组打包和集合组装的功能。

（5）在实际传送过程中，数据报还要能根据所经过网络规定的分组大小来改变数据报的长度，IP数据报的最大长度可达65535个字节。

（6）IP协议中还有一个非常重要的内容，那就是给互联网上的每台计算机和其他设备都规定了一个唯一的地址，叫做“IP地址”。由于有这种唯一的地址，才保证了用户在联网的计算机上操作时，能够高效而且方便地从千千万万台计算机中选出自己所需的对象来。

（7）电信网正在与IP网走向融合，以IP为基础的新技术是热门的技术，如用IP网络传送话音的技术（即VoIP）就很热门，其他如IP over ATM、IP over SDH、IP over WDM等等，都是IP技术的研究重点。

2.1.4 IP 地址的分配

TCP/IP协议需要针对不同的网络进行不同的设置，且每个节点一般需要一个“IP地址”、一个“子网掩码”、一个“默认网关”。不过，可以通过动态主机配置协议（DHCP），给客户端自动分配一个IP地址，避免了出错，也简化了TCP/IP协议的设置。

那么，互域网怎么分配IP地址呢？互联网上的IP地址统一由一个叫ICANN（Internet Corporation for Assigned Names and Numbers，互联网赋名和编号公司）的组织来管理。

2.1.5 IP 地址的直观表示法

IP地址由32位二进制数值组成，但为了方便用户的理解和记忆，它采用了点分十进制标记法，即将4字节的二进制数值转换成4个十进制数值，每个数值小于等于255，数值中间用“.”隔开，表示成w.x.y.z的形式。

例如二进制IP地址：

字节1	字节2	字节3	字节4
11001010	01011101	01111000	00101100

用点分十进制表示法表示成：202.93.120.44

2.1.6 特殊的 IP 地址形式

IP地址除了可以表示主机的一个物理连接外，还有几种特殊的表现形式。

1. 私有地址

上面提到IP地址在全世界范围内唯一，看到这句话你可能有这样的疑问，像192.168.0.1这样的地址在许多地方都能看到，并不唯一，这是为为什么呢？Internet管理委员会规定如下地址段为私有地址，私有地址可以自己组网时用，但不能互联网上用，互联网没有这些地址的路由，有这些地址的计算机要上网必须转换成为合法的IP地址，也称为公网地址。下面是A、B、C类网络中的私有地址段。

10.0.0.0　～10.255.255.255
172.16.0.0 ～172.31.255.255
192.168.0.0～192.168.255.255

2. 回送地址

A类网络地址127是一个保留地址，用于网络软件测试以及本地机进程间通信，称为回送地址（Loopback Address）。无论什么程序，一旦使用回送地址发送数据，协议软件立即返回之，不进行任何网络传输。含网络号127的分组不能出现在任何网络上。

一般情况下，Ping 127.0.0.1，如果反馈信息失败，说明IP协议栈有错，必须重新安装TCP/IP协议。如果反馈信息成功，再Ping本机IP地址，如果反馈信息失败，说明网卡不能和IP协议栈进行通信。如果网卡没接网线，用本机的一些服务如Sql Server、IIS等就可以使用127.0.0.1这个地址。

3. 广播地址

TCP/IP规定，主机号全为“1”的网络地址用于广播之用，叫做广播地址。所谓广播，指同时向同一子网所有主机发送报文。

4. 网络地址

TCP/IP协议规定，各位全为“0”的网络号被解释成“本”网络。由上可以看出：含网络号127的分组不能出现在任何网络上；主机和网关不能为该地址广播任何寻径信息。由以上规定可以看出，主机号全“0”全“1”的地址在TCP/IP协议中有特殊含义，一般不能用作一台主机的有效地址。

5. 169 开头的地址

PC在自动获取IP地址时，而在网络上又没有找到可用的DHCP服务器，就会得到其中一个IP。本地连接显示“受限制或无连接”。

2.1.7　局域网中的 IP

在一个局域网中，有两个IP地址比较特殊，一个是网络号，一个是广播地址。网络号是用于三层寻址的地址，它代表了整个网络本身；另一个是广播地址，它代表了网络全部的主机。网络号是网段中的第一个地址，广播地址是网段中的最后一个地址，这两个地址是不能配置在计算机主机上的。

例如，在192.168.0.0，255.255.255.0这样的网段中，网络号是192.168.0.0，广播地址是192.168.0.255。因此，在一个局域网中，能配置在计算机中的地址比网段内的地址要少两个（网络号、广播地址），这些地址称之为主机地址。

2.1.8　IPV4 和 IPV6

在企业内部，IP冲突问题已不是新鲜话题，在区域之间，IP地址的有限可能带来了安全隐忧或影响了冲浪速度；在更高层面，地址不足甚至严重制约了一个国家互联网的应用和发展。究其原因，大致有两方面：一方面，地址资源数量本身非常有限；另一方面，随着互联网技术的普及，更多智能终端要求联入互联网，这让原本有限的地址资源更加捉襟见肘。

因此，IPv6便应运而生。互联网当前使用的主要是基于IPv4协议的32位地址，地址总容量近43亿个。而IPv6地址采用128位标识，数量为2的128次方，相当于IPv4地址空间的4次幂。更令人欣慰的是，IPv6具备方便寻址及支持即插即用等特性，能更好地支持物联网业务。IPv6的机遇与挑战主要有以下几个。

1. 多方价值凸显

IPv6并非简单的IPv4升级版本，是互联网领域迫切需要的技术体系和网络体系。这是因为，IPv6不仅能够解决互联网IP地址的大幅短缺问题，还能够降低互联网的使用成本，带来更大经济效益，并更有利于社会进步。

在技术方面，IPv6能让互联网变得更大。互联网基于IPv4协议。但除了预留部分供过渡时期使用的IPv4地址外，全球IPv4地址即将分配殆尽。而随着互联网技术的发展，各行各业乃至个人对IP地址的需求还在不断增长。在网络资源竞争的环境中，IPv4地址已经不能满足需求，而IPv6恰能解决网络地址资源数量不足的问题。

在经济领域，IPv6也为除电脑外的设备连入互联网在数量限制上扫清了障碍，这就为物联网产业发展提供了巨大空间。如果说，IPv4实现的只是人机对话，而IPv6则扩展到任意事物之间的对话，它将服务于众多硬件设备，如家用电器、传感器、远程照相机、汽车等。它将无时不在、无处不在地深入社会的每个角落，其经济价值不可估量。

在社会领域，IPv6还能让互联网变得更快、更安全。下一代互联网将把网络传输速度提高1000倍以上，基础带宽可能会是40G以上。IPv6使得每个互联网终端都可以拥有一个独立的IP地址，保证了终端设备在互联网上具备惟一真实的“身份”，消除了使用NAT技术对安全性和网络速度的影响，其所能带来的社会效益将无法估量。

2. 多方原因阻碍推广

既然IPv6无论在技术、经济、社会效益等方面都具有深远意义，甚至比“云计算”更现实，那么，能带来百般利好的IPv6为何未能及时推广应用？

无疑，在IPv4时代，美国是互联网技术的最大获利者。从1969年开始，美国出于军事目的，开始着手研究计算机的互联技术，可后来互联网却给美国创造了一个新经济时代。它提供给美国的众多发展机遇和巨大商业利益，是难以估量的。光纤、PC、路由器、操作系统，美国在IT领域占尽优势，甚至全世界的网络都要向美国支付带宽使用费。

由于美国IT产品应用几乎全都基于IPv4技术，发展IPv6受到了美国IT产业出于既得

利益考虑的阻挠：美国的互联网技术和设备最先进，通过互联网获得了极大的经济利益，而且美国IPV4地址充足，这也成为其采用IPv6新技术的最大障碍；同样，欧洲的互联网技术也非常发达，尤其是无线网络技术，市场也相对稳定，更新网络基础设施需要舍弃的东西太多，经济利益却不能相应提高，因此在推动IPv6网络上无太多动力。

虽说美国企业也在研发和生产IPv6设备，但大多是为了出口，美国本身并不使用IPv6的设备，在整体上也缺乏规划和打算。作为IPv4的既得利益者，美国信息产业在眼前这一代技术产品未得到利益最大化时，对IPv6技术表现并不积极，更没有动力将之应用到新的技术体系中。这给全球整体发展IPv6带来了巨大障碍。尽管IPv6技术概念亦由美国提出，但亚洲国家显然对IPv6更加热衷。对互联网IP地址的需求和现有的矛盾最为突出的正是亚洲，而中国、日本则是IPv6的最大实验网。日本政府和相关产业已开始投入财力物力对日本的信息网络展开IPv6改造。

由于日本国土面积较小，城市基础设施建设已度过快速发展期，通信市场的容量已基本饱和，其对IP地址的需求并没有那么紧迫；而中国正在进行大规模城市建设，有许多新增的基础设施和手机用户，IP需求量远远大于其他国家。中国希望在下一代互联网上争取更多的技术话语权，加速互联网应用，将IPv6网络尽快落地。

3. 加速商业应用

如今，IPv4地址即将分配殆尽，IPv6成为业界迫切要求和急需的技术。而且凭借诸多技术亮点、经济价值和社会效益，IPv6有理由让人们相信未来的更美好生活。然而，IPv6在中国商业应用却面临窘境。

在中国，商业应用匮乏往往被业界认为是IPv6网络发展缓慢的罪魁祸首。对企业来说，没有应用就没有市场，没有市场就得不到商业利益，企业显然更倾向于在找到新技术与商业利益很好的契合点之后，才对一项技术投入大量的研发精力。

由于IPv6的杀手级应用迟迟不出，一些网络设备生产厂家更多地持观望态度。同样，开发应用需要得到网络设备厂商产品上的支持，这又使得一些应用开发厂商也按兵不动。虽然都看好IPv6技术，但两方面面相觑，谁都不愿意把第一步迈得很大。

与企业的相对保守相比，政府则对IPv6倾注了更大热情。掌握先进的互联网技术，对一个国家的发展有着深远的影响。IPv6给过去在互联网技术开发上处于劣势的国家提供了发展和想象的空间。尽管中国的互联网技术、信息产业实力都还有待进一步提高，但在发展和应用IPv6网络上，无论是在技术、设备还是基础设施方面都有良好条件。

从长远看，IPv6有利于互联网的持续健康发展。今天，我们已经具备世界上其他技术强国所没有的得天独厚的优势。尽管从IPv4过渡到IPv6需要时间和成本，发展不可一蹴而就，但跨入IPv6时代，比挑战更多的是其所带来的巨大机遇。

2.5 子网掩码

子网掩码（Subnet Mask）又叫网络掩码、地址掩码、子网络遮罩，它是一种用来指明一个IP地址的哪些位标识的是主机所在的子网，以及哪些位标识的是主机的位掩码。子网掩码不能单独存在，它必须结合IP地址一起使用。子网掩码只有一个作用，就是将某个IP地址划分成网络地址和主机地址两部分。

子网掩码是一个32位地址，用于屏蔽IP地址的一部分以区别网络标识和主机标识，并说明该IP地址是在局域网上，还是在远程网上。

2.5.1 子网掩码的功能

在互联网中A类，B类和C类IP地址经常被使用，经过网络号和主机号的层次划分，它们能适应不同的网络规模。随着计算机和网络技术的发展，小型网络越来越多，它们使用C类网络号是一种浪费。因此在实际应用中，对IP地址进行再次划分，使其第三个字节代表网号，其余部分为主机号。再次划分后的IP地址的网络号部分和主机号部分用子网掩码（也称子网屏蔽码）来区分。子网掩码同样也以4个字节来表示，是32位二进制数值，对应于IP地址的32位二进制数值。对于IP地址的32位二进制数值。对于IP地址中的网络号都分在子网掩码中用“1”表示，对于IP地址中的主机号部分在子网掩码中用“0”表示。子网掩码的作用是用来区分网络上的主机是否在同一网络区段内，或者说，子网掩码用来区分IP地址的网络号和主机号。

缺省状态下，如果没有进行子网划分：

A类网络的子网掩码为255.0.0.0。

B类网络的子网掩码为255.255.0.0。

C类网络的子网掩码为255.255.255.0。

有了子网掩码后，IP地址的标识方法如下：

例：192.168.1.1 255.255.255.0或者标识成192.168.1.1/24(24表示掩码中“1”的个数)。

2.5.2 设定子网掩码的规则

子网掩码的设定必须遵循一定的规则。与二进制IP地址相同，子网掩码由1和0组成，且1和0分别连续。子网掩码的长度也是32位，左边是网络位，用二进制数字“1”表示，1的数目等于网络位的长度；右边是主机位，用二进制数字“0”表示，0的数目等于主机位的长度。这样做的目的是为了让掩码与IP地址做按位与运算时用0遮住原主机数，而不改变原网络段数字，而且很容易通过0的位数确定子网的主机数。只有通过子网掩

码，才能表明一台主机所在的子网与其他子网的关系，使网络正常工作。

2.5.3　定义子网掩码的步骤

用于子网掩码的位数决定于可能的子网数目和每个子网的主机数目。在定义子网掩码前，必须弄清楚本来使用的子网数和主机数目。定义子网掩码的步骤如下。

（1）确定哪些组地址归我们使用。比如申请到的网络号为“210.73.a.b”，该网络地址为c类IP地址，网络标识为“210.73.a”，主机标识为“b”。

（2）根据所需的子网数以及将来可能扩充到的子网数，用宿主机的一些位来定义子网掩码。比如我们需要12个子网，将来可能需要16个。用第四个字节的前四位确定子网掩码。前四位都置为“1”，即第四个字节为“11110000”，这个数我们暂且称作新的二进制子网掩码。

（3）把对应初始网络的各个位都置为“1”，即前三个字节都置为“1”，则子网掩码的间断二进制形式为：“11111111.11111111.11111111.11110000”。

（4）把这个数转化为间断十进制形式为：“255.255.255.240”。

2.5.4　子网掩码的计算方式

由于子网掩码的位数决定于可能的子网数目和每个子网的主机数目。在定义子网掩码前，必须弄清楚本来使用的子网数和主机数目。

1. 利用子网数来计算

在求子网掩码之前必须先搞清楚要划分的子网数目，以及每个子网内的所需主机数目。

（1）将子网数目转化为二进制来表示。

（2）取得该二进制的位数，为N。

（3）取得该IP地址的类子网掩码，将其主机地址部分的前N位置1 即得出该IP地址划分子网的子网掩码。

如欲将B类IP地址168.195.0.0划分成27个子网：

（1）27＝11011。

（2）该二进制为五位数，N＝5。

（3）将B类地址的子网掩码255.255.0.0的主机地址前5位置1（B类地址的主机位包括后两个字节，所以这里要把第三个字节的前5位置1），得到 255.255.248.0，即为划分成27个子网的B类IP地址 168.195.0.0的子网掩码（实际上是划成了32－2＝30个子网）。

2. 利用主机数来计算

（1）将主机数目转化为二进制来表示。

（2）如果主机数小于或等于254（注意去掉保留的两个IP地址），则取得该主机的二进制位数，为N，这里肯定N＜8。如果大于254，则N＞8，这就是说主机地址将占据不止8位。

（3）使用255.255.255.255来将该类IP地址的主机地址位数全部置1，然后从后向前的将N位全部置为 0，即为子网掩码值。

如欲将B类IP地址168.195.0.0划分成若干子网，每个子网内有主机700台:

（1）700＝1010111100。

（2）该二进制为十位数，N＝10。

（3）将该B类地址的子网掩码255.255.0.0的主机地址全部置1，得到255.255.255.255，然后再从后向前将后10位置0，即为：11111111.11111111.11111100.00000000，即255.255.252.0。这就是该欲划分成主机为700台的B类IP地址168.195.0.0的子网掩码。

3. 增量计算法

子网ID增量计算法，即计算每个子网的IP范围。其基本计算步骤如下。

步骤1：将所需的子网数转换为二进制，如所需划分的子网数为“4”，则转换成成二进制为00000100。

步骤2：取子网数的二进制中有效位数，即为向缺省子网掩码中加入的位数（既向主机ID中借用的位数）。

步骤3：决定子网掩码。如IP地址为B类129.20.0.0网络，则缺省子网掩码为：255.255.0.0，借用主机ID的3位以后变为：255.255.224（11100000）.0，即将所借的位全表示为1，用作子网掩码。

步骤4：将所借位的主机ID的起始位段最右边的“1”转换为十进制，即为每个子网ID之间的增量，如前面的借位的主机ID起始位段为“11100000”，最右边的“1”，转换成十进制后为2^5＝32（此为子网ID增量）。

步骤5：产生的子网ID数为：2^m-2 （m为向缺省子网掩码中加入的位数），如本例向子网掩码中添加的位数为3，则可用子网ID数为：2^3-2＝6个。

步骤6：将上面产生的子网ID增量附在原网络ID之后的第一个位段，便形成第一个子网网络ID 129.20.32.0（即第一个子网的起始IP段）。

步骤7：重复上步操作，在原子网ID基础上加上一个子网ID增量，依次类推，直到子网ID中的最后位段为缺省子网掩码位用主机ID位之后的最后一个位段值，这样就可得到所有的子网网络ID。如缺省子网掩码位用主机ID位之后的子网ID为255.255.224.0，其

中的“224”为借用主机ID后子网ID的最后一位段值，所以当子网ID通过以上增加增量的方法得到129.20.224.0时便终止，不要再添加了（只能用到129.20.192.0）。

当主机ID为全0时表示网络ID，全1时表示广播地址。在RFC950标准中，不建议使用全0和全1的子网ID。

例如，把最后一个字节的前3位借给网络ID，用后面的5位来表示主机ID，这样就会产生2^3＝8个子网，子网ID就分别为000、001、010、011、100、101、110、111这样8个，在RFC950标准中只能使用中间的6个子网ID。

这么做的原因为：设有一个网络192.168.0.0/24（即子网掩码的前24位为1，255.255.255.0），需要两个子网，那么按照RFC950，应该使用/26而不是/25，得到两个可以使用的子网192.168.0.64和192.168.0.128。

对于192.168.0.0/24，网络地址是192.168.0.0，广播地址是192.168.0.255

对于192.168.0.0/26，网络地址是192.168.0.0，广播地址是192.168.0.63

对于192.168.0.64/26，网络地址是192.168.0.64，广播地址是192.168.0.127

对于192.168.0.128/26，网络地址是192.168.0.128，广播地址是192.168.0.191

对于192.168.0.192/26，网络地址是192.168.0.192，广播地址是192.168.0.255

可以看出来，对于第一个子网，网络地址和主网络的网络地址是重叠的，对于最后一个子网，广播地址和主网络的广播地址也是重叠的。在CIDR流行以前，这样的重叠将导致极大的混乱。比如，一个发往192.168.0.255的广播是发给主网络的还是子网的？这就是为什么在当时不建议使用全0和全1子网。在今天，CIDR已经非常普及了，所以一般不需要再考虑这个问题。

2.5.5 变长子网掩码和无类域间路由

1. 变长子网掩码

如果企业网络中希望通过规划多个网段来隔离物理网络上的主机，使用缺省子网掩码就会存在一定的局限性。网络中划分多个网段后，每个网段中的实际主机数量可能很有限，导致很多地址未被使用。如图2-1所示的场景下，如果使用缺省子网掩码的编址方案，则地址使用率很低，在设计网络时使用有类IP地址会造成地址的浪费。

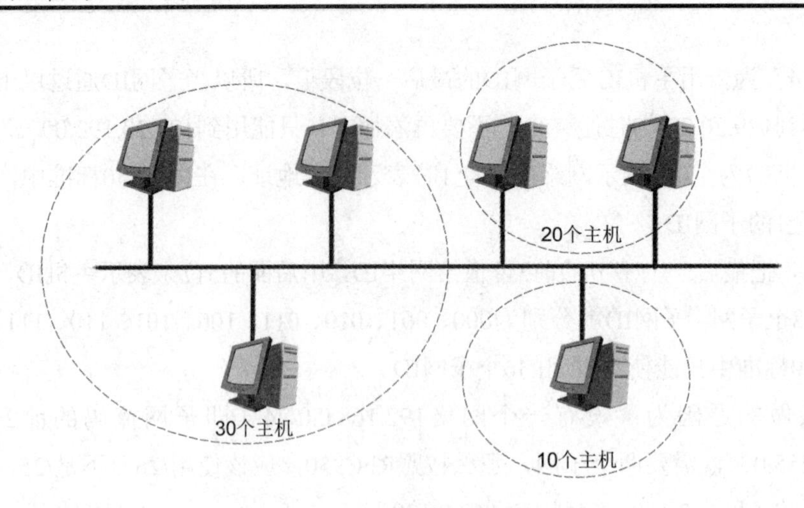

图 2-1　变长子网掩码应用情景

采用VLSM（Variable Length Subnet Mask:可变长子网掩码）可解决上述问题。缺省子网掩码可以进一步划分，成为变长子网掩码（VLSM）。通过改变子网掩码，可以将网络划分为多个子网。例如一个C类地址为192.168.1.7，缺省子网掩码为24位。现借用一个主机位作为网络位，借用的主机位变成子网位。一个子网位有两个取值0和1，因此可划分两个子网。该比特位设置为0，则子网号为0，该比特位设置为1，则子网号为128。将剩余的主机位都设置为0，即可得到划分后的子网地址；将剩余的主机位都设置为1，即可得到子网的广播地址。每个子网中支持的主机数为2^7-2（减去子网地址和广播地址），即126个主机地址，示例如下：

IP地址：　192.168.1.7　11000000　10100000　00000001　00000111

子网掩码：255.255.255.128　11111111　11111111　11111111　10000000

AND运算：11000000　10100000　00000001　00000000

网络地址：192.168.1.0

主机数：$2^7=128$

可用主机数：$2^7-2=126$

2. 无类域间路由

无类域间路由（Classless Inter-domain Routing，简称CIDR），不使用传统的有类网络地址的概念，即不再区分A、B、C类网络地址。在分配IP地址段时也不再按照有类网络地址的类别进行分配，而是将IP网络地址空间看成是一个整体，并划分成连续的地址块，然后采用分块的方法进行分配。

在CIDR技术中，常使用子网掩码中表示网络号二进制位的长度来区分一个网络地址块的大小，称为CIDR前缀。如IP地址210.31.233.1，子网掩码255.255.255.0，可表示成210.31.233.1/24; IP地址166.133.67.98，子网掩码255.255.0.0，可表示成166.133.67.98/16;

IP地址192.168.0.1，子网掩码255.255.255.240可表示成192.168.0.1/28等。

CIDR可以用来做IP地址汇总（或称超网，Super Netting）。在未作地址汇总之前，路由器需要对外声明所有的内部网络IP地址空间段。这将导致Internet核心路由器中的路由条目非常庞大。采用CIDR地址汇总后，可以将连续的地址空间块总结成一条路由条目。路由器不再需要对外声明内部网络的所有IP地址空间段，这就大大减小了路由表中路由条目的数量。

利用CIDR实现地址汇总有以下两个基本条件。

（1）待汇总地址的网络号拥有相同的高位。

（2）待汇总的网络地址数目必须是2^n，如2个、4个、8个、16个等等。否则，可能会导致路由黑洞（汇总后的网络可能包含实际中并不存在的子网）。

本章小结

本章主要讲述了IP地址的基本知识、子网掩码的相关知识。本章知识点如下。

（1）IP地址通常分成了网络号和主机号两部分，分为A、B、C、D、E五类地址；IP地址具有很多特点。

（2）IP地址的分配、IP地址的直观表示法。

（3）IP地址除了可以表示主机的一个物理连接外，还有几种特殊的表现形式：私有地址、回送地址、广播地址、网络地址、169开头的地址。

（4）局域网中的IP、IPV4和IPV6。

（5）子网掩码的作用是用来区分网络上的主机是否在同一网络区段内，子网掩码的设定必须遵循一定的规则。定义子网掩码需要按照一定的步骤进行。

（6）子网掩码的计算方式有利用子网数来计算、利用主机数来计算和增量计算法。

（7）变长子网掩码和无类域间路由。

本章习题

一、选择题

1．某个IP地址的子网掩码为255.255.255.192，该掩码又可以写为（　　）。

A．/22　　B．/24　　C．/26　　D．/28

2．若某大学分配给计算机系的IP地址块为202.113.16.128/26，分配给自动化系的IP

地址块为202.113.16.192/26，那么这两个地址块经过聚合后的地址为（　　）。

A．202.113.16.0/24　　　　B．202.113.16.0/25

C．202.113.16.128/25　　　　D．202.113.16.128/24

3．IP地址192.168.15.136/29的子网掩码可写为（　　）。

A．255.255.255.192　　　　B．255.255.255.224

C．255.255.255.240　　　　D．255.255.255.248

4．某企业分配给产品部的IP地址块为192.168.31.192/26，分配给市场部的IP地址块为192.168.31.160/27，分配给财务部的IP地址块是192.168.31.128/27，那么这三个地址经过聚合后的地址为（　　）。

A．192.168.31.0/25　　　　B．192.168.31.0/26

C．192.168.31.128/25　　　　D． 192.168.31.128/26

5．IP地址块168.192.33.125/27的子网掩码可写为（　　）。

A．255.255.255.192　　　　B．255.255.255.224

C．255.255.255.240　　　　D．255.255.255.248

6．某企业分配给人事部的IP地址块为10.0.11.0/27，分配给企划部的IP地址块为10.0.11.32/27，分配给市场部的IP地址块为10.0.11.64/26，那么这三个地址块经过聚合后的地址为（　　）。

A．10.0.11.0/25　　　　B．10.0.11.0/26

C．10.0.11.64/25　　　　D．10.0.11.64/26

7．网络地址 192.168.1.0/24 ，选择子网掩码为255.255.255.224，以下说法正确的是（　　）。

A．划分了4个有效子网

B．划分了6个有效子网

C．每个子网的有效主机数是30个

D．每个子网的有效主机数是31个

E．每个子网的有效主机数是32个

8．一个 C 类地址：192.168.5.0，进行子网规划，要求每个子网有10台主机，使用哪个子网掩码划分最合理（　　）。

A．使用子网掩码255.255.255.192　　B．使用子网掩码255.255.255.224 ；

C．使用子网掩码255.255.255.240　　D．使用子网掩码255.255.255.252 。

9．一个子网网段地址为2.0.0.0，掩码为255.255.224.0的网络，其一个有效子网网段地址是（　　）。

A．2.1.16.0　　　　B．2.2.32.0

C．2.3.48.0　　　　D．2.4.172.0

10．与10.110.12.29子网掩码255.255.255.224 属于同一网段的主机IP地址是（　　）。

A．10.110.12.0　　　　B．10.110.12.30

C．10.110.12.31　　　　D．10.110.12.32

11．某公司申请到一个C类IP地址，但要连接6个子公司，最大的一个子公司有26 台计算机，每个子公司在一个网段中，则子网掩码应设为（　　）。

A．255.255.255.0　　　　B．255.255.255.128

C．255.255.255.192　　　　D．255.255.255.224

12．三个网段192.168.1.0/24，192.168.2.0/24，192.168.3.0/24能够汇聚成下面哪个网段（　　）。

A．192.168.1.0/22　　　　B．192.168.2.0/22

C．192.168.3.0/22　　　　D．192.168.0.0/22

二、简答题

1．IP地址中常用的三类地址的表示范围分别是多少？IPv4中A、B、C三类地址的私有地址的表示范围分别是多少？

2．使用192.168.1.192/26划分3个子网，其中第一个子网能够容纳25台主机，另外两个子网分别能够容纳10台主机，请写出子网掩码，各子网网络地址及可用的IP地址段）。（注：请按子网序号顺序分配 网络地址）

3．使用59.17.148.64/26划分3个子网，其中第一个子网能容纳13台主机，第二个子网能容纳12台主机，第三个子网容纳30台主机。请写出子网掩码、各子网网络地址及可用的IP地址段。（注：请按子网序号顺序分配网络地址）

4．使用IP地址202.113.10.128/25划分4个相同大小的子网，每个子网中能够容纳30台主机，请写出子网掩码、各个子网网络地址及可用的IP地址段。

5．现需要对一个局域网进行子网划分，其中，第一个子网包含2台计算机，第二个子网包含260台计算机，第三个子网包含62台计算机。如果分配给该局域网一个B类地址128.168.0.0，请写出你的IP地址分配方案，并在组建的局域网上验证方案的正确性。

6．通过华为ENSP模拟器搭建如图2-2所示的星型子网划分实验拓扑，子网掩码为多少时可Ping通？（注意：Ping命令用于检测网络连通性，若网络链接或配置正确，在Ping时可得到来自对端的回复）

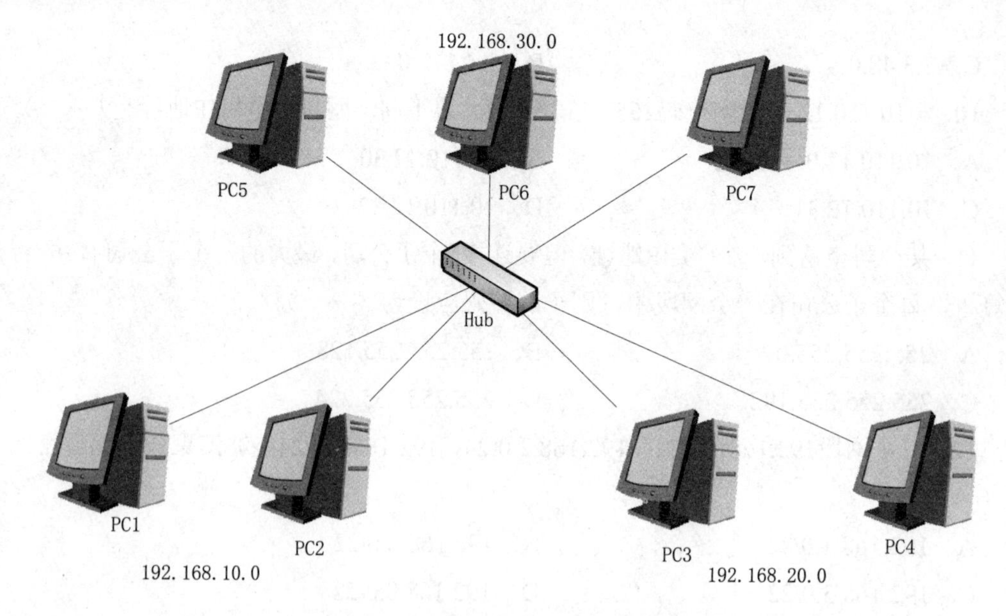

图 2-2　星型子网划分实验拓扑

7．某主机在一个C类网络上的IP地址是198.123.46.237，如果需要将该主机所在的网络划分为4个子网，应如何设置子网掩码？

8．某校园网的地址是202.100.192.0/18，要把该网络分成30个子网，子网掩码是多少？每个子网的主机数目是多少?网络号的变化范围是多少？IP地址的变化范围是多少？

第 3 章 VRP 基础

【本章导读】

VRP（Virtual Reality Platform，简称 VR-Platform 或 VRP）即虚拟现实平台，VRP 是一款由中视典数字科技有限公司独立开发的具有完全自主知识产权的直接面向三维美工的一款虚拟现实软件。是目前中国虚拟现实领域市场占有率最高的一款虚拟现实软件。VRP 可广泛应用于城市规划、室内设计、工业仿真、古迹复原、桥梁道路设计、房地产销售、旅游教学、水利电力、地质灾害等众多领域，为其提供切实可行的解决方案。

【本章学习目标】

- 了解 VRP 的基础知识
- 掌握 VRP 命令行的基础知识
- 利用 VRP 命令行进行基本的配置

3.1 VRP 基本知识

3.1.1 VRP 介绍

VRP是华为公司具有完全自主知识产权的网络操作系统，可以运行在多种硬件平台之上。VRP拥有一致的网络界面、用户界面和管理界面，为用户提供了灵活丰富的应用解决方案。

VRP平台以TCP/IP协议簇为核心，实现了数据链路层、网络层和应用层的多种协议，在操作系统中集成了路由交换技术、QoS技术、安全技术和IP语音技术等数据通信功能，并以IP转发引擎技术作为基础，为网络设备提供了出色的数据转发能力。

随着网络技术和应用的飞速发展，VRP平台在处理机制、业务能力、产品支持等方面也在持续改进。到目前为止，VRP已经开发出了5个版本，分别是VRP1、VRP2、VRP3、VRP5和VRP8。VRP5是一款分布式网络操作系统，具有高可靠性、高性能、可扩展的架构设计。目前，绝大多数华为设备使用的都是VRP5版本。

VRP8是新一代网络操作系统，具有分布式、多进程、组件化架构，支持分布式应用和虚拟化技术，能够适应未来的硬件发展趋势和企业急剧扩张的业务需求。

1. 华为路由器和交换机初识

AR系列企业路由器有多个型号，包括AR150、AR200、AR1200、AR2200、AR3200等。它们是华为第三代路由器产品，统称为ARG3系列路由器，提供路由、交换、无线、语音和安全等功能。AR路由器被部署在企业网络和公网之间，作为两个网络间传输数据的入口和出口。在AR路由器上部署多种业务能降低企业的网络建设成本和运维成本。根据一个企业的用户数和业务的复杂程度可以选择不同型号的AR路由器来部署到网络中。

华为X7系列以太网交换机提供数据交换的功能，满足企业网络上多业务的可靠接入和高质量传输的需求。这个系列的交换机定位于企业网络的接入层、汇聚层和核心层，提供大容量交换，高密度端口，实现高效的报文转发。X7系列以太网交换机包括了S1700、S2700、S3700、S5700、S7700、S9700等。

ARG3系列路由器和X7系列交换机都提供了Console口作为管理口，如图3-1所示。AR2200额外提供了Mini USB口作为管理口，如图3-2所示。

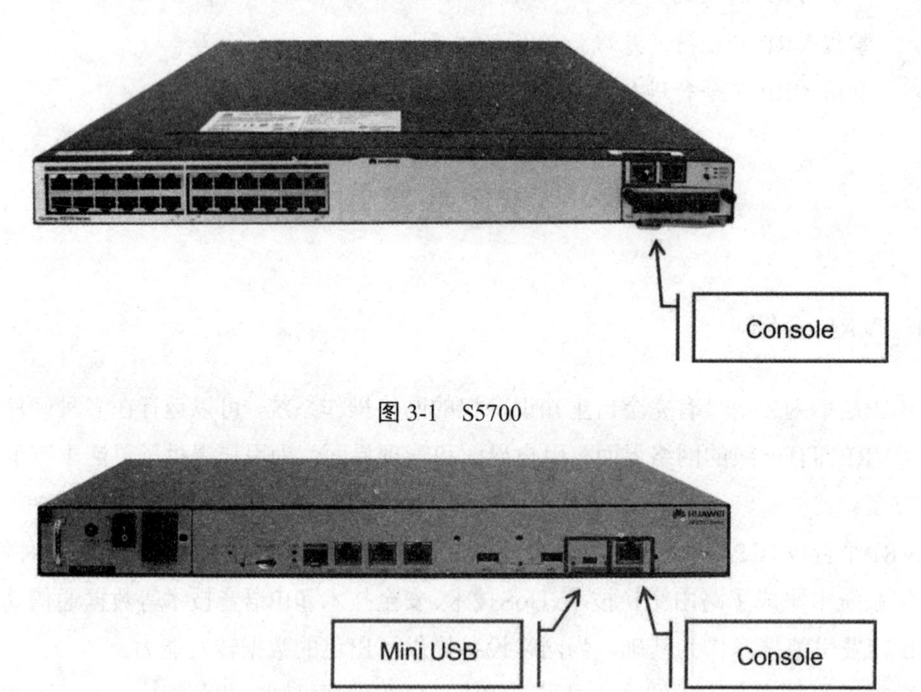

图 3-1 S5700

图 3-2 AR2200

2. Console 口登录

使用Console线缆来连接交换机或路由器的Console口与计算机的COM口，这样就可

以通过计算机实现本地调试和维护。S5700和AR2200的Console口是一种符合RS232串口标准的RJ45接口。目前大多数台式电脑提供的COM口都可以与Console口连接。笔记本电脑一般不提供COM口，需要使用USB到RS232的转换接口，如图3-3所示。

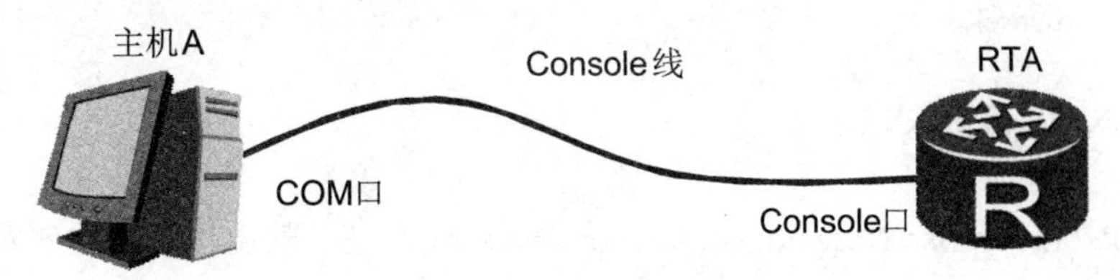

图 3-3　Console 线登录路由器

3. 登录参数配置

（1）完成终端和设备之间的连接

用DB9或DB25接口的RS232串口线连接终端，用RJ45接口连接路由器的Console接口。注：如果终端如笔记本电脑没有串口，可以使用转换器把USB转串口使用。

（2）配置终端软件

步骤1：在PC上可以使用Windows等自带的HyperTerminal（超级终端）软件，也可以使用其他软件，如SecureCRT。

步骤2：配置超级终端，运行超级终端→新建连接→设置名称→选择终端串口所使用的COM端口→设置参数。如图3-4所示。

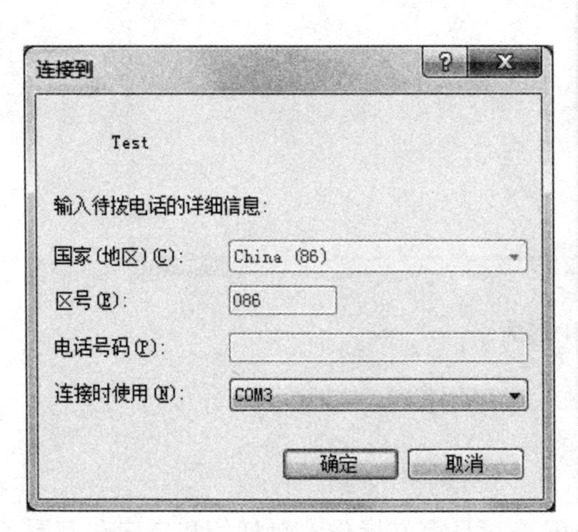

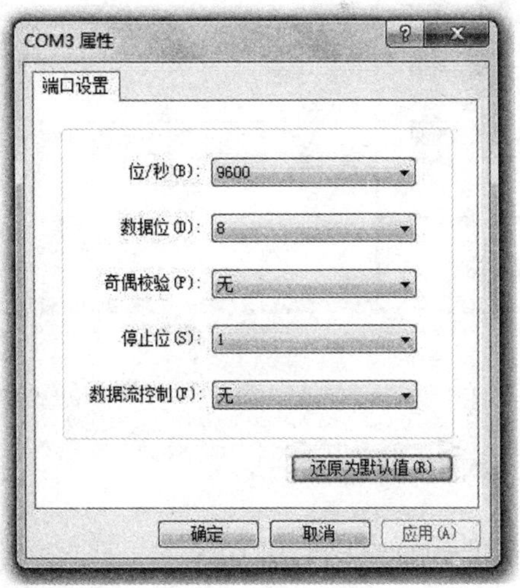

图 3-4　设置参数窗口

步骤3：完成设置以后，点击“确定”按钮即可与VRP建立连接。如果设备初次启动，VRP系统会要求用户设置Console登录密码。如果没有任何反应，请检查软件参数配置，特别是COM端口是否正确。

```
Please configure the login password （maximum length 16）
Enter password: huawei
Confirm password: huawei
<Huawei>
```

3.1.2 eNSP 简介

eNSP（Enterprise Network Simulation Platform）是一款由华为自主研发、免费的、可扩展的、图形化操作网络仿真工具平台，主要对企业网络的路由器、交换机及相关物理设备进行软件仿真，完美呈现设备实景，可以让用户在没有实体设备的情况下，学习网络技术。

针对越来越多的ICT人员对真实网络设备的需求，仿真平台有仿真程度高、更新及时、界面简单、操作方便等特点。该平台的运行和实体设备同样适用的是VRP操作系统，能够最大程度的模拟真实场景。用户可以利用eNSP模拟各种网络环境。eNSP支持与这是设备对接，以及数据包的实施抓取。eNSP界面如图3-5所示。

图 3-5 eNSP 界面

1. eNSP 的特点

eNSP的特点有以下几个。

（1）人性化的图形特点。图形化界面不但美观且容易操作，包括拓扑搭建和配置设备等。

（2）设备图形化展示，支持插拔接口卡。在设备图形化视图下，可将不同的接口卡拖拽到设备空槽，单击电源开关可启动或关闭设备。

（3）多极互联，分布式部署。最多可在4台服务器上部署200台左右的模拟设备，

并且实现互联，可以模拟大型网络互联实验。

（4）完全免费。面向所有人群免费下载。

（5）高度仿真，实景再现，支持设备功能多。高度仿真的二层转发，运行华为通用路由平台VRP系统，支持对路由器、交换机各种特性的仿真和模拟。

说明：本书基于的eNSP软件版本为V100R002C00B510，请读者在华为官网下载使用，以免造成使用软件版本不一致造成实验结果的不对应。

另外，实验常用的设备接口在正文中如有缩写表示，对应如Ethernet0/0/0以E0/0/0表示；GigabitEthernet0/0/0以G0/0/0表示；Serial0/0/0以S0/0/0表示。

2. eNSP 的使用

（1）拓扑搭建

eNSP操作界面如图3-6所示。打开eNSP软件后单击“新建”按钮，开始新建拓扑。选择所需要的设备，单击鼠标按住不放，拖拽至右侧空白区域即可。点击“设备连接按钮”，选择连接线，点击已经拖拽好的设备，选择端口连接设备。

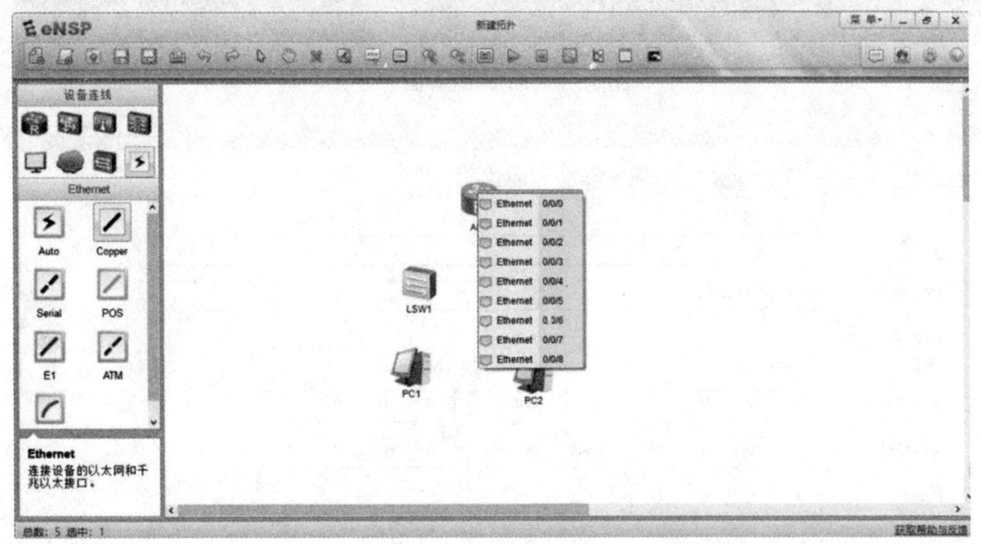

图 3-6　eNSP 操作界面

（2）设备的运行与关闭

选择需要开启或关闭的设备，单击“开启设备”/“关闭设备”按钮。需要开启或关闭多台设备是可以用鼠标选择多台设备，一次性开启或关闭。

（3）设备命令行使用

开启设备后，选择需要配置的设备，双击设备打开VRP系统进行配置。VRP系统界面如图3-7所示。PC的配置没有VRP系统，直接开启，双击打开，进行基础配置。PC配置界面如图3-8所示。

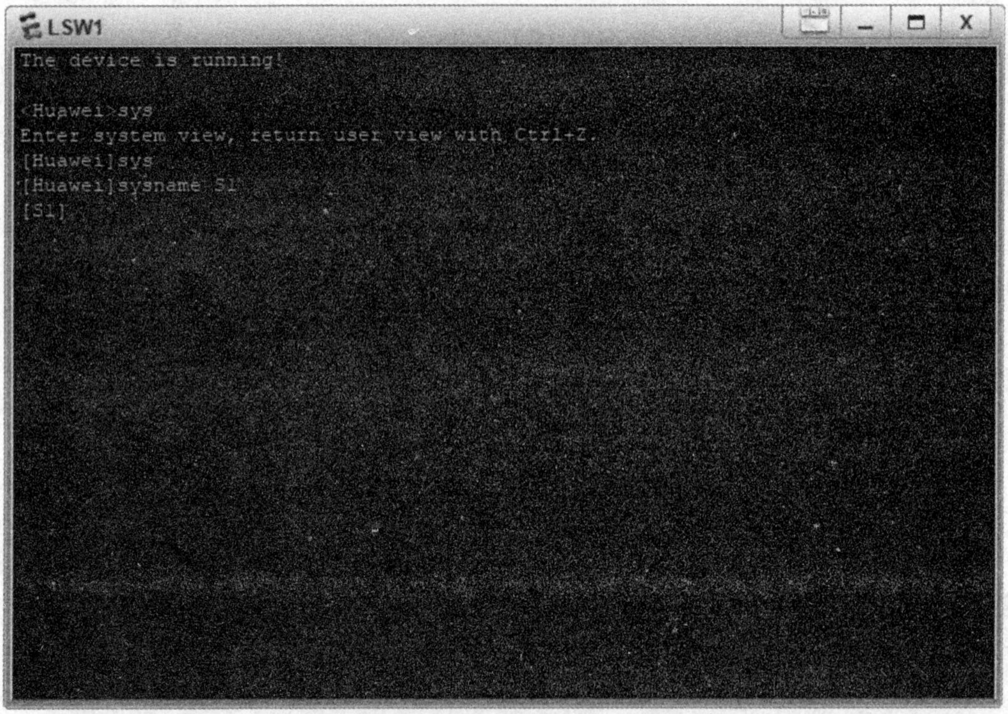

LSW1

```
The device is running!

<Huawei>sys
Enter system view, return user view with Ctrl+Z.
[Huawei]sys
[Huawei]sysname S1
[S1]
```

图 3-7 VRP 系统界面

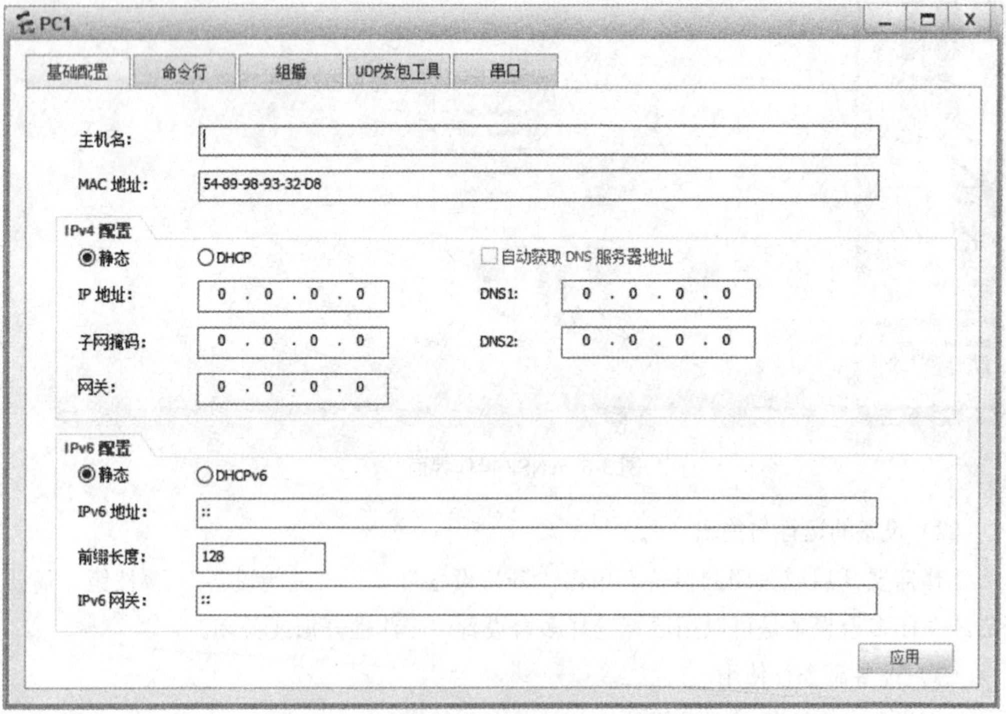

PC1

基础配置 命令行 组播 UDP发包工具 串口

主机名：

MAC 地址： 54-89-98-93-32-D8

IPv4 配置

◉静态 ○DHCP ☐自动获取 DNS 服务器地址

IP 地址： 0 . 0 . 0 . 0 DNS1: 0 . 0 . 0 . 0

子网掩码： 0 . 0 . 0 . 0 DNS2: 0 . 0 . 0 . 0

网关： 0 . 0 . 0 . 0

IPv6 配置

◉静态 ○DHCPv6

IPv6 地址： ::

前缀长度： 128

IPv6 网关： ::

应用

图 3-8 PC 配置界面

3.2　命令行基础

如果要访问在通用路由平台VRP上运行的华为产品，首先要进入启动程序。开机界面信息提供了系统启动的运行程序和正在运行的VRP版本及其加载路径。启动完成以后，系统提示目前正在运行的是自动配置模式。用户可以选择是继续使用自动配置模式还是进入手动配置的模式。如果选择手动配置模式，在提示符处输入Y。在没有特别要求的情况下，选择手动配置模式。

```
BIOS Creation Date : Jan    5 2013，    18:00:24
DDR DRAM init: OK
Start Memory Test? （'T' or 'T' is test）: skip
Copying Data: Done
Uncompressing: Done
……
Press Ctrl＋B to break auto startup ... 1
Now boot from sd1:/AR2220-V200R003C00SPC200.cc，
……
＜Huawei＞
Warning: Auto-Config is working. Before configuring the device，   stop Auto-Config. If you
perform configurations when Auto-Config is running，  the DHCP，  routing，  DNS，  and VTY
configurations will be lost. Do you want to stop Auto-Config? [Y/N]:Y
```

3.2.1　命令行视图

VRP分层的命令结构定义了很多命令行视图，每条命令只能在特定的视图中执行。VRP有四种视图模式，分别是用户视图、系统视图、接口视图和协议视图，每个命令都注册在一个或多个命令视图下，用户只有先进入这个命令所在的视图，才能运行相应的命令。进入到VRP系统的配置界面后，VRP上最先出现的视图是用户视图。在该视图下，用户可以查看设备的运行状态和统计信息。若要修改系统参数，用户必须进入系统视图。用户还可以通过系统视图进入其他的功能配置视图，如接口视图和协议视图。

通过提示符可以判断当前所处的视图，例如：“＜＞”表示用户视图，“[]”表示除用户视图以外的其他视图。

```
＜Huawei＞system-view
Enter system view，   return user view with Ctrl＋Z.
```

```
[Huawei] interface GigabitEthernet 0/0/0
[Huawei-GigabitEthernet0/0/0]
```

3.2.2 命令行功能

1. 华为路由器交换机常用命令

华为路由器交换机常用命令如表3-1所示。

表 3-1 华为路由器交换机常用命令

命令行示例	功能
<Huawei>system-view [Huawei]	进入系统视图
[Huawei]quit <Huawei>	返回上级视图
[Huawei-Ethernet0/0/1]return <Huawei>	返回用户视图
<B1-R>language-mode chinese Change language mode， confirm? [Y/N]y % 改变到中文模式 <B1-R>	切换命令的注释语言模式
[Huawei]sysname HQ-AS-1 [HQ-AS-1]	更改设备名
[Huawei]display version	查看系统版本
<Huawei>display clock 2016-10-0911:42:37 Sunday Time Zone（DefaultZoneName） : UTC	查看系统时钟
<Huawei>clock datetime 11:22:33 2011-07-15	更改系统时钟
<Huawei>display current-configuration	查看当前配置
<Huawei>display saved-configuration	查看已保存配置
<Huawei>save	保存当前配置
<Huawei>reset saved-configuration	清除保存的配置
<Huawei>reboot	重启设备
[Huawei-Ethernet0/0/1]display this # interface Ethernet0/0/1 undo ntdp enable	查看当前视图配置

命令行示例	功能
undo ndp enable	
[Huawei]interface Ethernet0/0/1 [Huawei-Ethernet0/0/1]	进入接口
[Huawei-Ethernet0/0/1]description to_HQ-CS-A_E0/1	设置接口描述
[Huawei-Ethernet0/0/1]ipaddress 10.1.6.230 255.255.255.252 [Huawei-Ethernet0/0/1]ip address 10.1.6.230 30	配置接口 IP
[Huawei-Ethernet0/0/1]shutdown [Huawei-Ethernet0/0/1]undo shutdown	打开/关闭接口
[Huawei-Ethernet0/0/1]ping 10.1.6.231	接口测试
＜Huawei＞display ip routing-table	显示 IP 路由表
[Huawei]display interface Ethernet 0/0/1	查看特定接口信息
[Huawei]display ip interface brief //路由器配置 [Huawei]display interface brief //交换机配置	查看接口简要信息
＜Huawei＞terminal monitor //开启信息发送到当前终端功能 ＜Huawei＞terminal debugging　//设置调试信息发送到当前终端 ＜Huawei＞debugging stp event	显示调试信息，如 STP 事件
＜Huawei＞undo debugging all	关闭所有调试信息
＜Huawei＞ping 10.1.6.231	测试目的可达性
＜Huawei＞tracert 10.1.6.231	追踪目的地路径
＜Huawei＞telnet 10.1.6.231	登录其他设备

2. 常用快捷键

常用快捷键如表3-2所示。（注意：部分快捷键只适用于路由器）

表 3-2　常用快捷键

快捷键	作用
↑或＜Ctrl＋P＞	上一条历史纪录
↓或＜Ctrl＋N＞	下一条历史纪录
Tab 键或＜Ctrl＋I＞	自动补充当前命令
＜Ctrl＋C＞	停止显示及执行命令
＜Ctrl＋W＞	清除当前输入
＜Ctrl＋O＞	关闭所有调试信息
＜Ctrl＋G＞	显示当前配置

3. 命令行错误信息

命令行错误信息如表3-3所示。

表 3-3　命令行错误信息

英文错误信息	错误原因
Unrecognized command	没有查找到命令
	没有查找到关键字
	参数类型错
	参数值越界
Incomplete command	输入命令不完整
Too many parameters	输入参数太多
Ambiguous command	输入参数不明确

4. 命令行在线帮助

VRP提供两种帮助功能，分别是部分帮助和完全帮助。命令行在线帮助如表3-4所示。

部分帮助指的是，当用户输入命令时，如果只记得此命令关键字的开头一个或几个字符，可以使用命令行的部分帮助获取以该字符串开头的所有关键字的提示。

完全帮助指的是，在任一命令视图下，用户可以键入“？”获取该命令视图下所有的命令及其简单描述；如果键入一条命令关键字，后接以空格分隔的“？”，如果该位置为关键字，则列出全部关键字及其描述。

表 3-4　命令行在线帮助

命令行示例	功能
<Huawei> d? <Huawei> display h?	部分帮助
<Huawei>? <Huawei>display?	完全帮助

3.2.3 基本配置步骤

1. 配置设备名称

网络上一般都会部署不止一台设备，管理员需要对这些设备进行统一管理。在进行设备调试的时候，首要任务是设置设备名。设备名用来唯一地标识一台设备。AR2200路由器默认的设备名是Huawei，而S5700系列默认的设备名是Quidway。设备名称一旦设置，立刻生效。配置设备名称的命令功能如表3-5所示。

表 3-5 配置设备名称的命令功能

命令	功能
Sysname	配置设备名称

配置示例：

```
<Huawei>system-view
Enter system view， return user view with Ctrl+Z.
[Huawei]sysname R1
[R1]
```

2. 配置系统时钟

系统时钟是设备上的系统时间戳。由于地域的不同，用户可以根据当地规定设置系统时钟。用户必须正确设置系统时钟以确保其与其他设备保持同步。

设置系统时钟的公式为：UTC＋时区偏移量＋夏时制时间偏移量。

clock datetime命令设置*HH:MM:SSYYYY*-MM-*DD*格式的系统时钟。但是需要注意的是，如果没有设定时区，或者时区设定为零，那么设定的日期和时间将被认为是UTC时间，所以建议在对系统时间和日期进行配置前先设置时区。

clock timezone 命令用来对本地时区信息进行设置，具体的命令参数为 *time-zone-name* { *add* | *minus* } *offset*。其中参数add表示与UTC时间相比，*time-zone-name* 增加的时间偏移量。即，在系统默认的UTC时区的基础上，加上*offset*，就可以得到*time-zone-name*所标识的时区时间；参数minus指的是与UTC时间相比，*time-zone-name* 减少的时间偏移量。即，在系统默认的UTC时区的基础上，减去*offset*，就可以得到*time-zone-name*所标识的时区时间。

有的地区实行夏令时制，因此当进入夏令时实施区间的一刻，系统时间要根据用户的设定进行夏令时时间的调整。VRP支持夏令时功能。比如，在英国，从三月的最后一个星期天到十月最后一个星期天是夏令时区间，那么可以通过执行命令指定夏令时的开始和结束时间。配置系统时钟如表3-6所示。

表 3-6 配置系统时钟的命令功能：

命令	功能
clock timezone	设置所在时区
clock datetime	设置当前时间和日期
clock daylight-saving-time	设置采用夏时制

配置示例：

```
<Huawei>clock timezone BJ add 08:00:00
```

```
<Huawei>clock datetime 10:20:29 2016-09-11
<Huawei>display clock
2016-09-11 10:20:48
Sunday
Time Zone（BJ） : UTC＋08:00
```

3. 配置标题消息

header命令用来设置用户登录设备时终端上显示的标题信息。

login参数指定当用户在登录设备认证过程中，激活终端连接时显示的标题信息。

shell参数指定当用户成功登录到设备上，已经建立了会话时显示的标题信息。

header的内容可以是字符串或文件名。当header的内容为字符串时，标题信息以第一个英文字符作为起始符号，最后一个相同的英文字符作为结束符；通常情况下，建议使用英文特殊符号，并需要确保在信息正文中没有此符号。

下例中，header的内容是字符串。字符串可以包含1～2000字符，包含空格。使用**header { login | shell } information** ***text***命令能设置字符串形式的header。

若要设置文件形式的header，使用**header {** ***login*** **|** ***shell*** **} file** ***file-name*** 命令。*file-name*参数指定了标题信息所使用的文件名，登录前后，该文件的内容将以文本的形式显示出来。

配置标题消息的命令功能如表3-7所示。

表3-7 配置标题消息

命令	功能
header login	配置在用户登录前显示的标题消息
header shell	配置在用户登录后显示的标题消息

配置示例：

```
[Huawei]header login information "welcome to huawei certification!"
[Huawei]header shell information "Please don't reboot the device!"
……
welcome to huawei certification!
Login authentication
Password:
Please don't reboot the device!
<Huawei>
```

4. 命令等级

系统将命令进行分级管理，以增加设备的安全性。设备管理员可以设置用户级别，一定级别的用户可以使用对应级别的命令行。缺省情况下命令级别分为0～3级，用户级别分为0～15级。用户0级为访问级别，对应网络诊断工具命令（ping、tracert）、从本设备出发访问外部设备的命令（Telnet客户端）、部分display命令等。用户1级为监控级别，对应命令级0、1级，包括用于系统维护的命令以及display等命令。用户2级是配置级别，包括向用户提供直接网络服务，包括路由、各个网络层次的命令。用户3～15级是管理级别，对应命令3级，该级别主要是用于系统运行的命令，对业务提供支撑作用，包括文件系统、FTP、TFTP下载、文件交换配置、电源供应控制，备份板控制、用户管理、命令级别设置、系统内部参数设置、以及用于业务故障诊断的debugging命令。本例展示了如何修改命令级别，在用户视图下执行save命令需要3级的权限。

在具体使用中，如果我们有多个管理员账号，但只允许某一个管理员保存系统配置，则可以将save命令的级别提高到4级，并定义只有该管理员有4级权限。这样，在不影响其他用户的情况下，可以实现对命令的使用控制。

用户等级、命令等级及名称对应表如表3-8所示。

表 3-8　用户等级、命令等级及名称对应表

用户等级	命令等级	名称
0	0	访问级
1	0 and 1	监控级
2	0，1 and 2	配置级
3-15	0，1，2 and 3	管理级

配置示例：

```
<Huawei> system-view
[Huawei]command-privilege level 3 view user save
```

5. 用户界面

每类用户界面都有对应的用户界面视图。用户界面（User-interface）视图是系统提供的一种命令行视图，用来配置和管理所有工作在异步交互方式下的物理接口和逻辑接口，从而达到统一管理各种用户界面的目的。在连接到设备前，用户要设置用户界面参数。系统支持的用户界面包括Console用户界面和VTY用户界面。控制口（Console Port）是一种通信串行端口，由设备的主控板提供。虚拟类型终端（Virtual Type Terminal）是一种虚拟线路端口，用户通过终端与设备建立Telnet或SSH连接后，也就建立了一条VTY，即用户可以通过VTY方式登录设备。设备一般最多支持15个用户同时通过VTY方式访问。

执行**user-interface maximum-vty***number* 命令可以配置同时登录到设备的VTY类型用户界面的最大个数。如果将最大登录用户数设为0，则任何用户都不能通过Telnet或者SSH登录到路由器。*display user-interface* 命令用来查看用户界面信息。

不同的设备，或使用不同版本的VRP软件系统，具体可以被使用的VTY接口的最大数量可能不同，VTY 接口最大可配范围为0～14。

用户界面类型对应编号如表3-9所示。

表 3-9 用户界面类型对应编号

用户界面类型	编号
Console	0
VTY	0-4

配置示例：

```
<Huawei>system-view
[Huawei]user-interface vty 0 4
[Huawei-ui-vty0-4]
```

6. 配置用户界面命令

用户可以设置Console界面和VTY界面的属性，以提高系统安全性。如果一个连接上设备的用户一直处于空闲状态而不断开，可能会给系统带来很大风险，所以在等待一个超时时间后，系统会自动中断连接。这个闲置切断时间又称超时时间，默认为10分钟。

当display命令输出的信息超过一页时，系统会对输出内容进行分页，使用空格键切换下一页。

如果一页输出的信息过少或过多时，用户可以执行screen-length命令修改信息输出时一页的行数。默认行数为24，最大支持512行。不建议将行数设置为0，因为那样将不会显示任何输出内容了。

每条命令执行过后，执行的记录都保存在历史命令缓存区。用户可以利用(↑)，(↓)，Ctrl＋P，Ctrl＋N这些快捷键调用相应命令。历史命令缓存区中默认能存储10条命令，可以通过运行*history-command max-size*改变可存储的命令数，最多可存储256条。

配置用户界面命令的命令功能如表3-10所示。

表 3-10 配置用户界面命令的命令功能

命令	功能
idle-timeout	设置超时时间
screen-length	设置指定终端屏幕的临时显示行数
history-command max-size	设置历史命令缓冲区的大小

配置示例：

```
<Huawei>system-view
[Huawei]user-interface console 0
[Huawei-ui-console0]history-command max-size 20
# Set the timeout duration to 1 minute and 30 seconds.
[Huawei-ui-console0]idle-timeout 1 30
```

7. 配置登录权限

如果没有权限限制，未授权的用户就可以使用设备获取信息并更改配置。从设备安全的角度考虑，限制用户的访问和操作权限是很有必要的。用户权限和用户认证是提升终端安全的两种方式。用户权限要求规定用户的级别，一定级别的用户只能执行指定级别的命令。

配置用户界面的用户认证方式后，用户登录设备时，需要输入密码进行认证，这样就限制了用户访问设备的权限。在通过VTY进行Telnet连接时，所有接入设备的用户都必须要经过认证。

设备提供三种认证模式，AAA模式、密码认证模式和不认证模式。AAA认证模式具有很高的安全性，因为登录时必须输入用户名和密码。密码认证只需要输入登录密码即可，所以所有的用户使用的都是同一个密码。使用不认证模式就是不需要对用户认证直接登录到设备。需要注意的是，Console界面默认使用不认证模式。

对于Telnet登录用户，授权是非常必要的，最好设置用户名、密码和指定和账号相关联的权限。

配置登录权限的命令功能如表3-11所示。

表3-11 配置登录权限的命令功

命令	功能
user privilege	配置指定用户界面下的用户级别
set authentication password	配置本地认证密码

配置示例：

```
<Huawei>system-view
[Huawei]user-interface vty 0
[Huawei-ui-vty0]user privilege level 2
[Huawei-ui-vty0-4]set authentication password cipher Huawei
```

8. 配置接口 IP 地址

要在接口运行IP服务，必须为接口配置一个IP地址。一个接口一般只需要一个IP地址。在特殊情况下，也有可能为接口配置一个次要IP地址。例如，当路由器接口连接到一个物理网络时，该物理网络中的主机属于两个网段。为了让两个网段的主机都可以通过路由器访问其他网络，可以配置一个主IP地址和一个次要IP地址。一个接口只能有一个主IP地址，如果接口配置了新的主IP地址，那么新的主IP地址就替代了原来的主IP地址。

用户可以利用**ip address** ***<ip-address >*{ mask | *mask-length* }** 命令为接口配置IP地址，这个命令中，*mask*代表的是32比特的子网掩码，如255.255.255.0，*mask-length*代表的是可替换的掩码长度值，如24，这两者可以交换使用。

Loopback接口是一个逻辑接口，可用来虚拟一个网络或者一个IP主机。在运行多种协议的时候，由于Loopback接口稳定可靠，所以也可以用来做管理接口，Loopback接口是一种逻辑接口，在未创建之前，Loopback接口并不存在。从创建开始，Loopback接口就一直存在，并一直保持up状态，除非被手动关闭。

在给物理接口配置IP地址时，需要关注该接口的物理状态。默认情况下，华为路由器和交换机的接口状态为up。如果该接口曾被手动关闭，则在配置完IP地址后，应使用undo shutdown打开该接口。

配置示例：

```
<Huawei>system-view
[Huawei]interface gigabitethernet 0/0/0
[Huawei-GigabitEthernet0/0/0]ip address 10.0.12.1 255.255.255.0
[Huawei-GigabitEthernet0/0/0]interface loopback 0
[Huawei-LoopBack0]ip address 1.1.1.1 32
```

上例中为路由器的gigabitethernet 0/0/0口配置了一个IP地址：IP为10.0.12.1，子网掩码为255.255.255.0；同时为逻辑接口配置了一个IP地址:IP为1.1.1.1，子网掩码为255.255.255.255。

3.3 文件系统基础

华为网络设备的配置文件和VRP系统文件都保存在物理存储介质中，所以文件系统是VRP正常运行的基础。只有掌握了对文件系统的基本操作，才能对设备的配置文件和VRP系统文件进行高效的管理。

3.3.1　基本查询命令

VRP基于文件系统来管理设备上的文件和目录。在管理文件和目录时，经常会使用一些基本命令来查询文件或者目录的信息，常用的命令包括**pwd**，**dir** [/all] [*filename*|*directory*]和**more** [/binary] *filename* [*offset*] [all]。

pwd命令用来显示当前工作目录。

dir [/all] [*filename*|*directory*]命令用来查看当前目录下的文件信息。

more [/binary] *filename* [*offset*] [all]命令用来查看文本文件的具体内容。

配置示例：

```
<Huawei>dir
Directory of flash:/

IdxAttr     Size（Byte）   Date          Time        FileName
0  drw-       -          Aug 07 2015   13:51:14    src
1  drw-       -          Oct 10 2016   15:26:00    pmdata
2  drw-       -          Oct 10 2016   15:26:10    dhcp
3  -rw-      28          Oct 10 2016   15:26:10    private-data.txt

32，004 KB total （31，995 KB free）
```

本例中，在用户视图中使用dir命令，可以查看flash中的文件信息。

3.3.2　目录操作

目录操作常用的命令包括：**cd***directory*，**mkdir***directory*和**rmdir***directory*。

cd *directory*命令用来修改用户当前的工作目录。

mkdir*directory*命令能够创建一个新的目录。目录名称可以包含1～64个字符。

rmdir*directory*命令能够删除文件系统中的目录，此处需要注意的是，只有空目录才能被删除。

配置示例：

```
<Huawei>mkdirceshi
Info: Create directory flash:/ceshi......Done.
<Huawei>dir
Directory of flash:/
```

```
IdxAttr        Size（Byte）   Date           Time         FileName
0   drw-          -        Aug 07 2015    13:51:14     src
1   drw-          -        Oct 10 2016    15:26:00     pmdata
2   drw-          -        Oct 10 2016    15:26:10     dhcp
3   -rw-         28        Oct 10 2016    15:26:10     private-data.txt
4   drw-          -        Oct 10 2016    15:29:07     ceshi

32，004 KB total （31，994 KB free）
```

上例中使用**mkdir**ceshi创建了一个新的目录ceshi，通过**dir**可以查看到新目录ceshi已经创建成功。

3.3.3 文件操作

文件操作包括：复制、移动、重命名、压缩、删除和恢复等。

copy *source-filename destination-filename*命令可以复制文件。如果目标文件已存在，系统会提示此文件将被替换。目标文件名不能与系统启动文件同名，否则系统将会出现错误提示。

move*source-filename destination-filename*命令可以用来将文件移动到其他目录下。**move**命令只适用于在同一储存设备中移动文件。

rename *old-name new-name*命令可以用来对目录或文件进行重命名。

delete [/unreserved] [/force] { *filename* | *devicename* }命令可以用来删除文件。一般情况下，被删除的文件将直接被移动到回收站。回收站中的文件也可以通过执行undelete命令进行恢复，但是如果执行delete命令时指定了unreserved参数，则文件将被永久删除。在删除文件时，系统会提示“是否确定删除文件”，但如果命令中指定了/force参数，系统将不会给出任何提示信息。*filename*参数指的是需要删除的文件的名称，*device-name*参数指定了储存设备的名称。

reset recycle-bin [*filename* | *devicename*]可以用来永久删除回收站中的文件，*filename*参数指定了需要永久删除的文件的名称，*device-name*参数指定了储存设备的名称。

配置示例：

```
<Huawei>rename ceshi.txt huawei.txt
Rename flash:/test.txt to flash:/huawei.txt ?[Y/N]:y
Info: Rename file flash:/test.txt to flash:/huawei.txt ......Done.
<Huawei>dir
```

```
Directory of flash:/
IdxAttr    Size（Byte）   Date          Time        FileName
0   drw-      -         Apr 10 2013   09:30:35    src
1   -rw-      28        Apr 10 2013   09:31:38    private-data.txt
2   -rw-      120       Apr 10 2013   09:32:38    wzbk1.cfg
3   -rw-      12        Apr 10 2013   09:53:11    huawei.txt
……
32，004 KB total （31，995 KB free）
```

本例中使用了**rename**命令修改ceshi.txt的名称为huawei.txt。

```
<Huawei>delete /unreserved flash:/huawei.txt
<Huawei>dir
Directory of flash:/
IdxAttr    Size（Byte）   Date          Time        FileName
0   drw-      -         Apr 10 2013   09:30:35    src
1   -rw-      28        Apr 10 2013   09:31:38    private-data.txt
2   -rw-      120       Apr 10 2013   09:32:38    wzbk1.cfg
……
32，004 KB total （30，995 KB free）
```

本例中使用了delete命令删除了名称为huawei.txt的文件。

3.3.4　配置文件管理

设备中的配置文件分为两种类型：当前配置文件和保存的配置文件。当前配置文件储存在设备的RAM中。用户可以通过命令行对设备进行配置，配置完成后使用save命令保存当前配置到存储设备中，形成保存的配置文件。保存的配置文件都是以".cfg"或".zip"作为扩展名，存放在存储设备的根目录下。

在设备启动时，会从默认的存储路径下加载保存的配置文件到RAM中。如果默认存储路径中没有保存的配置文件，则设备会使用缺省参数进行初始化配置。

save [*configuration-file*]命令可以用来保存当前配置信息到系统默认的存储路径中。configuration-file为配置文件的文件名，此参数可选，默认文件名为vrpcfg.zip。

display current-configuration命令查看当前配置文件。

display saved-configuration查看保存的配置文件。

display startup命令用来查看设备本次及下次启动相关的系统软件、备份系统软件、配置文件、License文件、补丁文件以及语音文件。startup system software表示的是本次系统启动所使用的VRP文件。next startup system software表示的是下次系统启动所使用的VRP文件。startup saved-configuration file表示的是本次系统启动所使用的配置文件。next startup saved-configuration file表示的是下次系统启动所使用的配置文件。

设备启动时，会从存储设备中加载配置文件并进行初始化。如果存储设备中没有配置文件，设备将会使用默认参数进行初始化。

startup saved-configuration [*configuration-file*] 命令用来指定系统下次启动时使用的配置文件，configuration-file参数为系统启动配置文件的名称。

compare configuration [*configuration-file*] [*current-line-numbersave-line-number*]命令用来比较当前的配置与下次启动的配置文件内容的区别，*configuration-file*指定需要与当前配置进行比较的配置文件名，*current-line-number*表示从当前配置的行号开始比较，*save-line-number*表示从指定配置的行号开始比较。当执行该命令后，系统默认会将保存的配置与当前配置从第一行开始逐行进行比较。

reset saved-configuration命令用来清除存储设备中启动配置文件的内容。执行该命令后，如果不使用命令startup saved-configuration重新指定设备下次启动时使用的配置文件，也不使用save命令保存配置文件，则设备下次启动时会采用缺省的配置参数进行初始化。

3.3.5 存储设备

存储设备包括SDRAM、Flash、NVRAM、SD卡和U盘等。

display version 命令可以查看华为存储设备的详细信息。

fixdisk命令用来对文件系统出现异常的存储设备进行修复。当存储设备上的文件系统出现异常时，终端会给出提示信息，此时建议使用此命令进行修复，但不确保修复成功。执行此命令后，如果仍然收到系统建议修复的信息，则表示物理介质可能已经损坏。此命令是问题修复类命令，在系统未出现问题时，建议用户不要执行此命令。

format [devicename] 命令用来格式化存储器。在执行format命令时，需要指定devicename参数，表示格式化特定的存储器。执行此命令后，会清空指定存储器中的所有文件和目录，并且不可恢复。当文件系统出现异常无法修复时，并且确认不再需要存储器上的所有数据时，可格式化存储设备。格式化储存设备会导致设备上所有文件的丢失，且这些文件不能恢复，建议一般情况下不要使用此命令。

本章小结

本章主要讲述了VRP的基础知识、VRP命令行的基础知识、利用VRP命令行进行基本的配置等相关知识。本章知识点如下。

（1）VRP是华为公司具有完全自主知识产权的网络操作系统，初识华为路由器和交换机、Console口登录、登录参数配置。

（2）eNSP是一款由华为自主研发、免费的、可扩展的、图形化操作网络仿真工具平台，主要对企业网络的路由器、交换机及相关物理设备进行软件仿真，完美呈现设备实景，可以让用户在没有实体设备的情况下，学习网络技术。

（3）VRP分层的命令结构定义了很多命令行视图，每条命令只能在特定的视图中执行。

（4）华为路由器交换机常用命令、常用快捷键、命令行错误信息、命令行在线帮助。

（5）基本配置步骤：配置设备名称、配置系统时钟、配置标题消息、命令等级、用户界面、配置用户界面命令、配置登录权限和配置接口IP地址。

（6）基本查询常用的命令包括pwd，dir [/all] [filename|directory] 和 more [/binary] filename [offset] [all]。

（7）目录操作常用的命令包括：**cd***directory*，**mkdir***directory*和**rmdir***directory*。

（8）文件操作包括：复制、移动、重命名、压缩、删除和恢复等。

（9）设备中的配置文件分为两种类型：当前配置文件和保存的配置文件。

（10）存储设备包括SDRAM、Flash、NVRAM、SD卡和U盘等。

本章习题

1. 什么是VRP？如何理解VRP及其作用？
2. 华为数通设备目前使用的VRP版本是多少?
3. 区分系统视图、用户视图、接口视图的依据是什么？
4. VRP命令中的帮助命令有哪些？分别是什么？
5. 华为网络设备支持多少个用户同时使用Console口登录?
6. 在使用命令Interface Loopback Interface 0之后，Loopback 0接口的状态是什么？
7. 设备中的文件属性中有drw，其中d代表什么含义？

8．如果设备中有多个配置文件，如何指定下次启动时使用的配置文件?

9．设备作为FTP客户端时，如何从服务器下载VRP?

10．在完成VRP升级并重启之后，管理员如何确认升级成功？

11．请画出对网络设备升级的配置简图。

12．根据如图3-9所示配置远程登录，实现PC1通过PUTTY可远程登录到AR1或AR2路由器上或者配置通过一台路由器远程登录到另一台路由器。

（注：远程登录的IP地址或实验拓扑中的IP地址可自行规划）

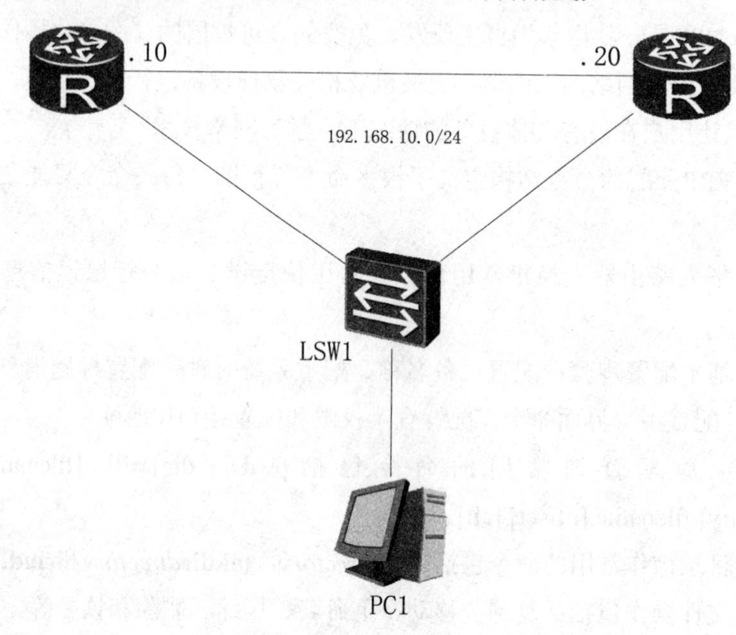

图 3-9　配置远程登录

第4章　交换机基础

【本章导读】

交换机（Switch）是一种在通信系统中实现信息交换功能的设备。在计算机网络系统中，交换概念的提出是对于共享工作模式的改进。HUB 集线器就是一种共享设备，HUB 本身不能识别目的地址，当同一局域网内的 A 主机给 B 主机传输数据时，数据包在以 HUB 为架构的网络上是以广播方式传输的，由每一台终端通过验证数据包头的地址信息来确定是否接收。这种方式就是共享网络带宽。在这种工作方式下，同一时刻网络上只能传输一组数据帧的通信，如果发生碰撞还得重试。

【本章学习目标】

- 了解交换机的基本知识
- 熟悉交换机的配置方法
- 了解交换机的软件升级
- 掌握交换机端口配置

4.1　交换机的基本知识

交换机可以隔离冲突域，路由器可以隔离广播域，这两种设备在企业网络中应用越来越广泛。随着越来越多的终端接入到网络中，网络设备的负担也越来越重，此时网络设备可以通过华为专有的VRP系统来提升运行效率。

4.1.1　交换机的应用

由集线器（HUB）和中继器组建的以太网，实质上是一种共享式以太网。共享式以太网的主要缺陷有：冲突严重、广播泛滥、安全性差。

交换机是工作在数据链路层的设备。交换机可以将一个共享式以太网分割为多个冲突域。链路层流量被隔离在不同的冲突域中进行转发，如此便极大地提升了以太网的性能。更进一步说，通常主机和交换机之间以及交换机与交换机之间都使用全双工技术进行通信，而此时冲突现象会被彻底消除。

4.1.2 路由器的应用

交换机虽然能够隔离冲突域，但是当一台设备发送广播帧时，其他设备仍然还会接收到该广播帧。随着网络规模的增大，广播会越来越多，这样就会影响网络的效率。路由器可以用来分割广播域，减少广播对网络效率的影响。

一般情况下，广播帧的转发被限制在广播域内。广播域的边缘是路由器，因为通常路由器不会转发广播帧，如图4-1所示。

路由器负责在网络间转发报文。它能够在自身的路由表里查找到达目的地的下一跳地址，将报文转发给下一跳路由器，如此重复，并最终将报文送达目的地。

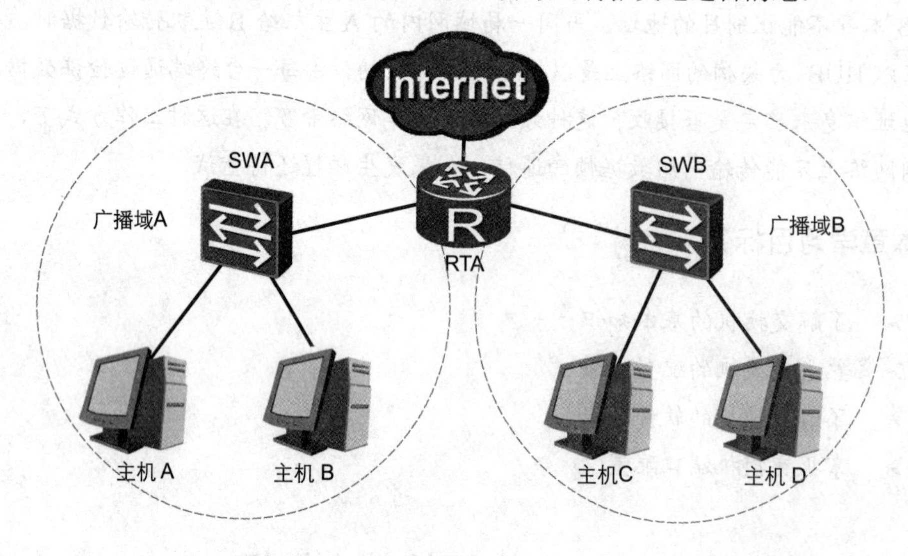

图 4-1 路由器的应用

4.1.3 交换机的主要特点

交换机的主要功能包括物理编址、网络拓扑结构、错误校验、帧序列以及流控。目前交换机还具备了一些新的功能，如对VLAN（虚拟局域网）的支持、对链路汇聚的支持，甚至有的还具有防火墙的功能。以太网交换机了解每一端口相连设备的MAC地址，并将地址同相应的端口映射起来存放在交换机缓存中的MAC地址表中。

1. 转发/过滤

当一个数据帧的目的地址在MAC地址表中有映射时，它被转发到连接目的节点的端口而不是所有端口（如该数据帧为广播/组播帧则转发至所有端口）。

2. 消除回路

当交换机包括一个冗余回路时，以太网交换机通过生成树协议避免回路的产生，同

时允许存在后备路径。

交换机除了能够连接同种类型的网络之外，还可以在不同类型的网络（如以太网和快速以太网）之间起到互连作用。如今许多交换机都能够提供支持快速以太网或FDDI等的高速连接端口，用于连接网络中的其他交换机或者为带宽占用量大的关键服务器提供附加带宽。一般来说，交换机的每个端口都用来连接一个独立的网段，但是有时为了提供更快的接入速度，我们可以把一些重要的网络计算机直接连接到交换机的端口上。这样，网络的关键服务器和重要用户就拥有更快的接入速度，支持更大的信息流量。

4.1.4　交换机的基本功能

通常，交换机的基本功能如下。

（1）和集线器一样，交换机提供了大量可供线缆连接的端口，这样可以采用星型拓扑布线。

（2）和中继器、集线器和网桥一样，当它转发帧时，交换机会重新产生一个不失真的方形电信号。

（3）和网桥一样，交换机在每个端口上都使用相同的转发或过滤逻辑。

（4）和网桥一样，交换机将局域网分为多个冲突域，每个冲突域都有独立的宽带，因此大大提高了局域网的带宽。

（5）除了具有网桥、集线器和中继器的功能以外，交换机还提供了更先进的功能，如虚拟局域网（VLAN）和更高的性能。

4.1.5　交换机的基本原理

如果交换机转发数据的端口都是以太网端口，则这样的交换机称为以太网交换机（Ethernet Switch）；如果交换机转发数据的端口都是令牌环端口，则这样的交换机称为令牌环交换机（Token Ring Switch），等等。不管是以太网交换机，还是令牌环交换机都属于局域网交换机（LAN Switch）。从理论上讲，交换机的种类很多，但实际中，除了以太网交换机外，其他的交换机基本已经被淘汰了。所以目前以太网交换机和局域网交换机基本是一个概念。

交换机的工作原理主要是指交换机对于传输介质进入其端口的帧进行转发的过程。（在下面的描述中会出现很多的 MAC 地址，读者在此先做记忆，后续章节中会解释 MAC 地址）。

每台交换机中都有一个 MAC 地址表，它存放着 MAC 地址和交换机端口编号之间的映射关系。MAC 地址表存在于交换机的内存中，交换机刚加电时，MAC 地址表中是空白的，随着交换机不断发送数据并进行地址学习，MAC 地址表会逐渐丰富起来。当交换机下电或重启时，MAC 地址表中的内容也会被清除。交换机的基本工作原理可以概括描述如下。

（1）如果从传输介质进入交换机的帧是一个单播帧，则交换机会去 MAC 地址表中查找这个帧的目的 MAC 地址。查找完成后从目的 MAC 地址所对应的端口转发出去，如果没有查找到则丢弃。

（2）如果从传输介质进入交换机的帧是一个广播帧，则交换机不会去查找 MAC 地址表，而是直接对该帧进行泛洪操作。

4.2　交换机的配置方法

4.2.1　交换机的基本配置方法

1. 以太网交换机基础

以太网的最初形态就是在一段同轴电缆上连接多台计算机，所有计算机都共享这段电缆。所以每当某台计算机占有电缆时，其他计算机都只能等待。这种传统的共享以太网极大地受到计算机数量的影响。为了解决上述问题，我们可以做到的是减少冲突域内的主机数量，这就是以太网交换机采用的有效措施。以太网交换机在数据链路层进行数据转发时需要确认数据帧应该发送到哪一端口，而不是简单的向所有端口转发，这就是交换机 MAC 地址表的功能。以太网交换机包含很多重要的硬件组成部分：业务接口、主板、CPU、内存、Flash、电源系统。以太网交换机的软件主要包括引导程序和核心操作系统两部分。

2. 以太网交换机配置方式

以太网交换机的配置方式很多，如本地 Console 口配置，Telnet 远程登录配置，FTP、TFTP 配置和哑终端方式配置。其中最为常用的配置方式就是 Console 口配置和 Telnet 远程配置。

3. 交换机配置

该例采用华为 S3700 交换机来组建实验环境。拓扑图如图 4-2 所示。用标准 Console 线缆的水晶头一端插在交换机的 Console 口上，另一端的接口插在 PC 机上的 Console 上。同时为了实现 Telnet 配置，用一根网线的一段连接交换机的以太网口，另一端连接 PC 机的网口。

用 Console 口对交换机进行配置是最标准最常见的配置方法。用 Console 口配置

交换机时需要专用的串口配置电缆连接交换机的 Console 口和主机的串口，实验室都已经配备好。实验前我们要检查配置电缆是否连接正确并确定使用主机的第几个串口。在创建超级终端时需要此参数。完成物理连线后，创建超级终端。

图 4-2　实验拓扑图

（1）交换机配置步骤

步骤 1: 在 PC 上可以使用 Windows 2000/XP 等自带的 HyperTerminal（超级终端）软件，也可以使用其他软件，如 SecureCRT，如图 4-3 所示。

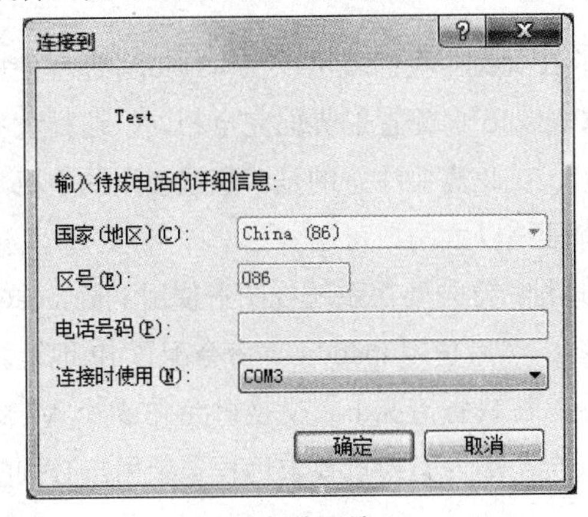

图 4-3　新建连接

步骤 2: 配置超级终端，运行超级终端→新建连接→设置名称→选择终端串口所使用的 COM 端口→设置参数，如图 4-4 所示。

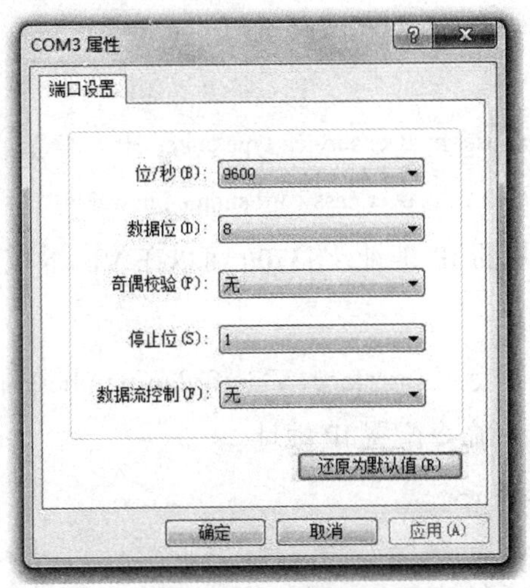

图 4-4　超级终端串口的配置参数

单击“确定”按钮即可正常建立与交换机的通信。如果交换机已经启动，按 Enter 键即可进入交换机的普通用户视图。若还没有启动，打开交换机电源我们会看到交换机的启动过程，启动完成后同样进入普通用户视图。

步骤 3：完成设置以后，点击“确定”按钮即可与 VRP 建立连接。如果设备初次启动，VRP 系统会要求用户设置 Console 登录密码，如果没有任何反应，请检查软件参数配置，特别是 COM 端口是否正确。

```
Please configure the login password （maximum length 16）
Enter password: huawei
Confirm password: huawei
<Huawei>
```

（2）Telnet 配置

如果交换机配置了 IP 地址，我们就可以在本地或者远程使用 Telnet 登录到交换机上进行配置，和使用 Console 口配置的界面完全相同，这样大大的方便了我们的工程维护人员对设备的维护。在此需要注意的是，配置使用的主机是通过以太网口与交换机进行通信的，必须保证该以太网口可用。

配置交换机的 IP 地址：首先要在系统视图下使用 interfacevlanvlan-number 命令进入 VLAN 接口配置视图，然后使用 ipaddress 命令配置 IP 地址。

配置用户登录口令：在缺省情况下，交换机允许 5 个 VTY 用户，但都没有配置登录口令。为了网络安全，华为交换机要求远程登录用户必须配置登录口令，否则不能登录。

配置用户口令：远程登录用户要想进入用户视图，必须使用用户密码。在系统视图下使用命令即可设置。

```
<Huawei> system-view
[Huawei] AAA                                        //……进入aaa模式配置口令
[Huawei-aaa] local-user huawei service-type telnet
[Huawei-aaa] local-user huawei password simple huawei
```

步骤 1：配置交换机的 IP 地址：S3700 可以在 VLAN 虚接口上分别配置 1 个 IP 地址。

首先要在系统视图下使用 interface Vlanif[vlan-number]命令进入 VLAN 接口配置视图，然后使用 ipaddress 命令配置 IP 地址。

```
<Huawei>system-view
[Huawei] interfaceVlanif 1                              //……进入VLAN接口
[Huawei-Vlanif1] ipaddress192.168.0.1255.255.255.0
```

步骤 2：配置用户登录口令：在系统视图下使用 user-interfacevty04 进入 vty 用户界面视图，然后使用 password 命令即可配置用户登录口令。

```
[Huawei] user-interfacevty04                              //……进入用户
[Huawei-ui-vty0-4] authentication-modepassword            //……配置口令
[Huawei-ui-vty0-4] setauthenticationpasswordsimple123456
```

配置 PC 与交换机在同一网段，它的 IP 地址为 192.168.0.5，掩码为 255.255.255.0。

完成上述准备即可通过 Telnet 登录到交换机进行配置。

步骤 3：登录成功后用户的级别为 level0，只能对交换机的用户界面进行查看，不能进行操作。在交换机上设置权限密码，命令如下：

```
[Huawei-aaa] local-user huawei privilege level 3          //……配置用户等级
```

在 telnet 成功后退出用户视图，再输入刚才设置的密码（123456）即可进入管理员权限，就可以对交换机进行远程登录控制。

4.2.2 交换机的常用配置命令

1. 交换机的用户界面

交换机有以下几个常见命令视图。

- **用户视图：**交换机开机直接进入用户视图，此时交换机在超级终端的标识符为＜Huawei＞。
- **系统视图：**在用户视图下输入实 system-view 命令后回车，即进入系统视图。在此视图下交换机的标识符为：[Huawei]。
- **接口视图：**在系统视图下输入 interface 命令即可进入以太网端口视图。在此视图下交换机的标识符为：[Huawei-Ethernet0/1]。
- **VLAN 配置视图：**在系统视图下输入 vlanvlan-number 即可进入 VLAN 配置视图。在此视图下交换机的标识符为：[Huawei-Vlan1]。
- **VTY 用户界面视图：**在系统视图下输入 user-interfacevtynumber 即可进入 VTY 用户界面视图。在此视图下交换机的标识符为：[Hauwei-ui-vty0]。

进行配置时，需要注意配置视图的变化，特定的命令只能在特定的配置视图下进行。

2. 交换机的常用帮助

在使用命令进行配置的时候，可以借助交换机提供的帮助功能快速完成命令的查找和配置。

（1）完全帮助：在任何视图下，输入“?”获取该视图下的所有命令及其简单描述。

（2）部分帮助：输入一命令，后接以空格分隔的“?”，如果该位置为关键字，则列出全部关键字及其描述；如果该位置为参数，则列出有关的参数描述。在部分帮助里面，还有其他形式的帮助，如键入一字符串其后紧接“?”，交换机将列出所有以该字符串开头的命令；或者键入一命令后接一字符串，紧接“?”，列出命令以该字府串开头的所有关键字。

3. 华为交换机常用配置命令

华为全系列交换机命令行十分丰富，下面简单介绍最常用的一些配置命令。

（1）displaycurrent-configuration 命令

该命令用来显示以太网交换机当前生效的配置参数。当用户完成一组配置之后，需要验证是否配置正确，则可以执行 displaycurrent-configuration 命令来查看当前生效的参数。对于某些参数，虽然用户已经配置，但如果这些参数所在的功能如果没有生效，则不予显示。

```
<Huawei>display current-configuration
#sysname Huawei
#cluster enable
ntdp enable
ndp enable
#drop illegal-mac alarm
#diffserv domain default
#drop-profile default
#aaa
 authentication-scheme default
 authorization-scheme default
 accounting-scheme default
 domain default
 domain default_admin
 local-user admin password simple admin
 local-user admin service-type http
#interface Vlanif1
#interface MEth0/0/1
#interface Ethernet0/0/1
#interface Ethernet0/0/2
```

```
#
……
#interface GigabitEthernet0/0/1
#interface GigabitEthernet0/0/2
#interface NULL0
#user-interface con 0
user-interface vty 0 4
#return
```

通常，可以在交换机配置完成后，通过这一条命令来查看配置信息是否完全正确。

（2）displaysaved-confinguration 使用

该命令用来显示 flash 中以太网交换机配置文件，即以太网交换机下次上电启动时所用的配置文件。如果以太网交换机上电之后工作不正常，可以执行 displaysaved-configuration 命令查看以太网交换机的启动配置。需要注意的是，命令 displaycurrent-configuration 用来显示 RAM 中的配置信息，此条命令用来显示 flash 中的配置信息。

```
<Huawei>display saved-configuration
#sysname Huawei
#cluster enable
ntdp enable
ndp enable
#drop illegal-mac alarm
#diffserv domain default
#drop-profile default
#aaa
 authentication-scheme default
 authorization-scheme default
 accounting-scheme default
 domain default
 domain default_admin
 local-user admin password simple admin
 local-user admin service-type http
 local-user huawei password simple huawei
 local-user huawei privilege level 3
```

```
local-user huawei service-type telnet
#interface Vlanif1
#interface MEth0/0/1
#interface GigabitEthernet0/0/1
#interface GigabitEthernet0/0/2
#
……
#interface GigabitEthernet0/0/23
#interface GigabitEthernet0/0/24
#interface NULL0
#user-interface con 0
user-interface vty 0 4
set authentication password simple 123456
#return
```

（3）save 命令

该命令用来保存当前配置文件到 flash 中。当完成一组配置，并且已经实现预定功能，则应将当前配置文件保存到 flash 中。

```
<Huawei>save                                          //……保存
The current configuration will be written to the device.
Are you sure to continue? [Y/N]y                      //……确认
Now saving the current configuration to the slot 0.
Oct 11 2016 15:25:39-08:00 Huawei %%01CFM/4/SAVE （1） [51]: The user chose Y when
deciding whether to save the configuration to the device.
Save the configuration successfully.
```

（4）reset 命令

该命令用来擦除 flash 中以太网交换机配置文件。慎重执行该命令，最好在技术支持人员指导下使用。一般在以下几种情况使用：以太网交换机软件升级之后，flash 中配置文件可能与新版本软件不匹配，这时可以用 resetsaved-configuration 命令擦除旧的配置文件。将一台已经使用过的以太网交换机用于新的应用环境，原有的配置文件不能适应新环境的需求，需要对以太网交换机重新配置，这时可以擦除原配置文件后，重新配置。

```
<Huawei>reset saved-configuration                     //……重置
Warning: The action will delete the saved configuration in the device.
```

```
The configuration will be erased to reconfigure. Continue? [Y/N]: y            //……确认
Warning: Now clearing the configuration in the device.
Oct 11 2016 15:28:16-08:00 Huawei %%01CFM/4/RST_CFG （1） [52]:The user chose Y when
deciding whether to reset the saved configuration.
Info: Succeeded in clearing the configuration in the device.
<Huawei>
```

（5）reboot 命令

该命令用来复位单板。reboot 命令其实就是将以太网交换机重启。当以太网交换机出现故障需要重启的时候可以通过 reboot 命令来复位单板。Resetsaved-configuration 命令用于擦除 flash 中的配置信息，但是在交换机 RAM 中的配置信息仍然在工作，只有重启交换机才能够彻底清除交换机 RAM 和 flash 中的配置信息。reboot 命令可以与 resetsaved-configuration 命令共同使用，清除交换机的配置信息。

```
<Huawei>reboot
```

后续命令省略。

（6）displayversion 命令

该命令用来显示系统版本信息。不同版本的软件有不同的功能过查看版本信息可以获知软件所支持的功能特性。

```
<Huawei>display version                                    //……查看版本
Huawei Versatile Routing Platform Software
VRP （R） software， Version 5.110 （S3700 V200R001C00）
Copyright （c） 2000-2011 HUAWEI TECH CO.， LTD

Quidway S3700-26C-HI Routing Switch uptime is 0 week， 0 day， 0 hour， 15 minutes
<Huawei>
```

4.3　交换机的软件升级

4.3.1　交换机软件升级方法

FTP（File Transfer Protocol）是 TCP/IP 协议族中的一种应用层协议，称为文件传输协议。FTP 的主要功能是向用户提供本地和远程主机之间的文件传输。在进行版本升级、日志下载和配置保存等业务操作时，会广泛地使用到 FTP。FTP 采用两个 TCP

连接：控制连接和数据连接。其中控制连接用于连接控制端口，传输控制命令；数据连接用于连接数据端口，传输数据。在控制连接建立后，数据连接通过控制端口的命令建立起连接，进行数据的传输。FTP 数据连接的建立有两种：主动模式和被动模式，两者的区别在于数据连接是由服务器发起还是由客户端发起。

4.3.2 交换机软件升级配置

一台提供 FTP 的服务器，一台 S3700 交换机，IP 地址规划如拓扑图如图 4-5 所示。

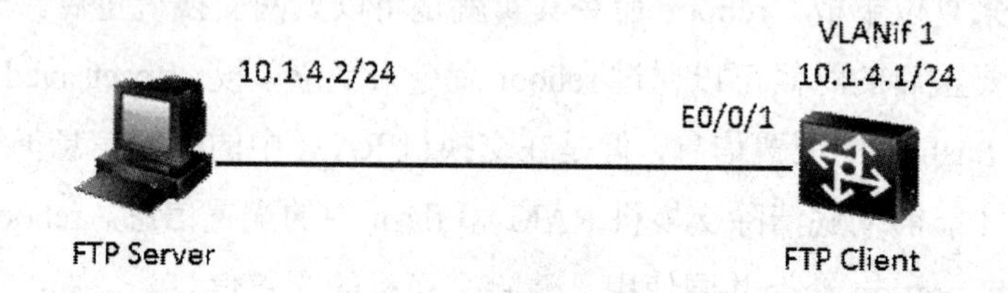

图 4-5 交换机软件升级规划拓扑图

交换机软件升级配置步骤如下。

步骤 1：按拓扑图配置 PC 和交换机 IP，并测试网络联通性。PC 配置略，以下为交换机配置。

```
[Quidway] interface Vlanif 1
[Quidway-Vlanif1] ip address 10.1.4.1 24
```

步骤 2：在 PC 上安装并设置 FTP 服务器软件，在 PC 安装 FTP 服务器软件并进行相关设置，下面以 Pablo’s FTP Server 为例。新建用户→设置密码、下载权限和目录→点击 Start 运行服务器。如图 4-6 所示。

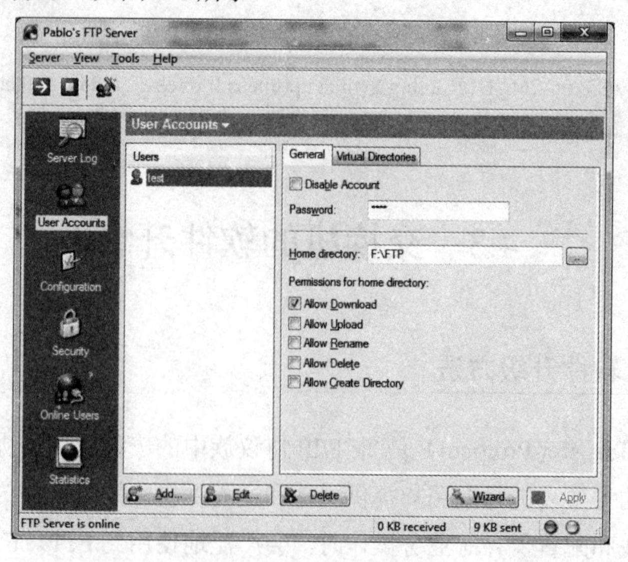

图 4-6 Pablo’s FTP Server 设置

步骤 3：交换机下载 VRP 系统文件。注意：在下载文件之前需确认设备存储空间是否足够，如果不够的话请删除多余的文件。对于有的设备如存储空间不够存放两个 VRP 文件时，需要对设备进行格式化后才能下载。

格式化设备命令：

```
<Quidway>format flash:                              //……格式化
All data （include configuration and system startup file） on flash: will be lost， proceed with
format ? [Y/N]: y                                   //……确认
```

在确定存储空间足够的情况下下载 VRP 系统文件。

连接 FTP Server，输入用户名密码：

```
<Quidway>ftp 10.1.4.2                               //……登录
Trying 10.1.4.2...
Press CTRL＋K to abort
Connected to 10.1.4.2.
220 Welcome to Pablo's FTP Server
User （10.1.4.2 :（none））:test
331 Password required for test
Password:
230 User successfully logged in.
```

查看服务器目录文件，记录文件名和文件大小：

```
[Ftp]dir
200 Port command successful.
150 Opening ASCII mode data connection for directory list.
-rwx------ 1 user group     8191404 Feb 10 2010 S3700-V100R005C01SPC100.cc
226 Transfer complete
FTP: 79 byte（s） received in 0.150 second（s） 526.66byte（s）/sec.
```

设置 FTP 下载传输为二进制模式：

```
[Ftp] binary
200 Type set to I
```

下载 VRP 文件：

```
[Ftp] get S3700-V100R005C01SPC100.cc
200 Port command successful.
150 Opening BINARY mode data connection for file transfer.
226 Transfer complete
```

```
FTP: 8191404 byte（s） received in 139.440 second（s） 58.74Kbyte（s）/sec.
[Ftp] bye
```

下载完成后查看文件，主要注意文件大小是否和服务器中相同，如不相同需重新下载：

```
<huawei>dir
Directory of flash:/
0    -rw-    8191404   Oct11 2016 21:46:56    s3700-v100r005c01spc100.cc
```

步骤 4：设置交换机启动项，保证下次启动使用下载的 VRP 系统文件。

注意：对于有的 VRP 版本在设置启动项过程中会提示是否升级 BOOTROM，请务必选择<是>。

```
<Huawei>startup system-software s3700-v100r005c01spc100.cc
[Unit 0]:
Warning: Basic BOOTROM will be upgraded. Continue?（Y/N）[N]: y
BOOTROM begin to be upgraded! Please wait for a moment...
Masterboard set startup system file succeeded!
```

步骤 5：重启后使用命令 display version 查看版本验证升级是否成功。

4.4　交换机端口配置

4.4.1　端口常用配置

1. 交换机端口

（1）交换机端口基础

随着网络技术的不断发展，需要网络互联处理的事务越来越多，为了适应网络需求，以太网技术也完成了一代又一代的技术更新。为了兼容不同的网络标准，端口技术变得尤为重要。端口技术主要包含了端口自协商、网络智能识别、流量控制、端口聚合以及端口镜像等技术，它们很好地解决了各种以太网标准互连互通存在的问题。

以太网主要有三种以太网标准：标准以太网、快速以太网和千兆以太网。它们分别有不同的端口速度和工作视图。

（2）端口速率自协商

标准以太网其端口速率为固定 10M。快速以太网支持的端口速率有 10M、100M 和自适应三种方式。千兆以太网支持的端口速率有 10M、100M、1000M 和自适应方

式。以太网交换机支持端口速率的手工配置和自适应。缺省情况下，所有端口都是自适应工作方式，通过相互交换自协商报文进行匹配。

其匹配的结果如表 4-1 所示。

表 4-1　匹配的结果

	标准以太网（auto）	快速以太网（auto）	千兆以太网（auto）
标准以太网（ auto）	10M	100M	1000M
快速以太网（ auto）	10M	100M	1000M
千兆以太网（ auto）	10M	100M	1000M

当链路两端一端为自协商，另一端为固定速率时，建议修改两端的端口速率，保持端口速率一致。其修改端口速率的配置命令为：

```
[Huawei-Ethernet0/0/1] speed {10|100|1000|auto}
```

如果两端都以固定速率工作，而工作速率不一致时，很容易出现通信故障，这种现象应该尽量避免。

（3）端口工作视图

交换机端口有半双工和全双工两种端口视图。目前交换机可以手工配置也可以自动协商来决定端口究竟工作在何种视图。修改工作视图的配置命令为：

```
[Huawei-Ethernet0/0/1] duplex {full | half}
```

（4）端口的接口类型

目前以太网接口有 MDI 和 MDIX 两种类型。 MDI 称为介质相关接口， MDIX 称为介质非相关接口。我们常见的以太网交换机所提供的端口都属于 MDIX 接口，而路由器和 PC 提供的都属于 MDI 接口。有的交换机同时支持上述两种接口，我们可以强制制定交换机端口的接口类型，其配置命令如下：

```
[Huawei-GigabitEthernet0/0/1] mdi {normal| cross| auto}
Normal：表示端口为MDIX接口
```

Cross：表示端口为 MDI 接口

Auto：表示端口工作在自协商视图

（5）流量控制

由于标准以太网、快速以太网和千兆以太网混合组网，在某些网络接口不可避免的会出现流量过大的现象而产生端口阻塞。为了减轻和避免端口阻塞的产生，标准协议专门规定了解决这一问题的流量控制技术。在交换机中所有端口缺省情况下都禁用了流量控制功能。开启/关闭流量控制功能的配置命令如下：

```
[Huawei-Ethernet0/0/1] flow-control                    //……开启流量控制
[Huawei-Ethernet0/0/1] undo flow-control               //……关闭流量控制
```

2. 端口配置举例

本例采用两台交换机组网，两台交换机用一根双绞线互连，拓扑图如图 4-7 所示。

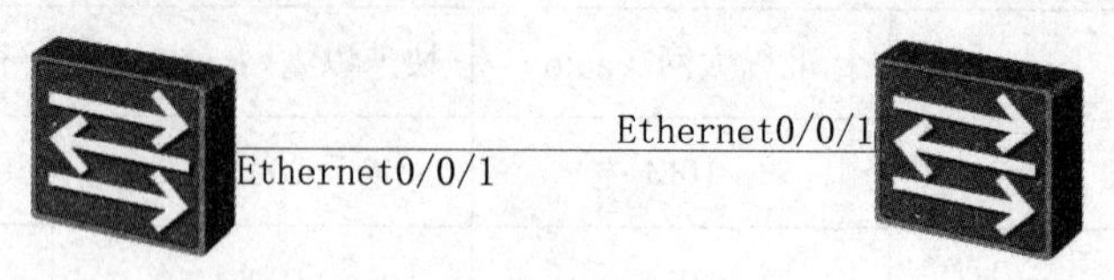

图 4-7　交换机端口配置拓扑图

华为交换机提供了丰富多彩的功能特性，其中主要包含端口自协商等等，同时还提供端口描述等功能。其配置步骤如下。

步骤 1：description 命令。

通过这条命令，可以对以太网端口设置必要的描述，以区分各个端口。例如，在 S3700 物理接口 Ethernet0/0/1 上配置这样的命令：

```
[Huawei-Ethernet0/0/1]description S3700B
```

也可以采用缺省情况下端口的描述字符串。

步骤 2：Duplex 命令。

以太网端口可以工作在全双工或者半双工状态下，通过接口视图下的 duplex 命令，可以对以太网端口的双工状态（全双工、半双工或自协商状态）进行设置。缺省情况下，以太网端口的双工状态为 Auto（自协商）状态，即自动与对端协商确定是工作在全双工状态还是半双工状态；但在实际组网中与对端交换机对接时，一般强制双方的端口都工作在全双工状态。例如：

```
[Huawei-Ethernet0/0/1]duplex full
```

需要注意的是，连交换机两端接口的工作模式应该设为设置为全双工模式。

步骤 3：Speed 命令。

在对端也需要将端口可以通过 Speed 命令，根据需要选择合适的端口速率。缺省情况下，以太网端口的速率为 Auto 即在实际组网时通过与所连接的对端自动协商确定本端的速率。例如：

```
[Huawei-Ethernet0/0/1]speed 100
```

通过这一条命令，把端口速率设定为 100Mbps，两端速率应该设为一致。

步骤 4：flow-control 命令。

可以通过下面的命令启动或关闭以太网端口的流量控制功能。缺省情况下，以太网端口的流量控制为关闭状态。

```
[Huawei-Ethernet0/0/1]flow-control
```

步骤 5：display interface 命令。

这条命令用来显示当前接口的配置信息。

```
[Huawei] interface Ethernet 0/0/1                                //……进入接口
[Huawei-Ethernet0/0/1] display interface Ethernet 0/0/1         //……查看接口信息
Ethernet0/0/1 current state: UP
Line protocol current state: UP
Description: S3700B
Switch Port，  PVID:    1，  TPID: 8100（Hex），  The Maximum Frame Length is 9216
IP Sending Frames' Format is PKTFMT_ETHNT_2，  Hardware address is 4c1f-ccb5-6b3f
Last physical up time    : 2016-10-11 16:44:56 UTC-08:00
Last physical down time: 2016-10-11 16:44:53 UTC-08:00
Current system time: 2016-10-11 16:48:05-08:00
Hardware address is 4c1f-ccb5-6b3f
    Last 300 seconds input rate 0 bytes/sec，  0 packets/sec
    Last 300 seconds output rate 0 bytes/sec，  0 packets/sec
    Input: 238 bytes，  2 packets
    Output: 10591 bytes，  89 packets
    Input:
      Unicast: 0 packets，  Multicast: 2 packets
      Broadcast: 0 packets
    Output:
      Unicast: 0 packets，  Multicast: 89 packets
      Broadcast: 0 packets
    Input bandwidth utilization:      0%
    Output bandwidth utilization:      0%
```

从上例可以看到所配置的信息。

4.4.2　链路聚合配置

1．链路聚合

链路聚合（Link Aggregation）是一个计算机网络术语，又称 Trunk，是指将多个物理端口捆绑在一起，成为一个逻辑端口，以实现出/入流量吞吐量在各成员端口中的负荷分担，交换机根据用户配置的端口负荷分担策略决定报文从哪一个成员端口发送到对端的交换机。当交换机检测到其中一个成员端口的链路发生故障时，就停止在此端口上发送报文，并根据负荷分担策略在剩下链路中重新计算报文发送的端口，故障端口恢复后再次重新计算报文发送端口。

链路聚合有如下几个优点。

（1）增加网络带宽。链路聚合可以将多个链路捆绑成为一个逻辑链路，捆绑后的链路带宽是每个独立链路的带宽总和。

（2）提高网络连接的可靠性。链路聚合中的多个链路互为备份，当有一条链路断开，流量会自动在剩下链路间重新分配。

2. 链路聚合配置举例

本例中采用 2 台 S3700 交换机组网，交换机之间通过 3 条双绞线互连，拓扑图如图 4-8 所示。

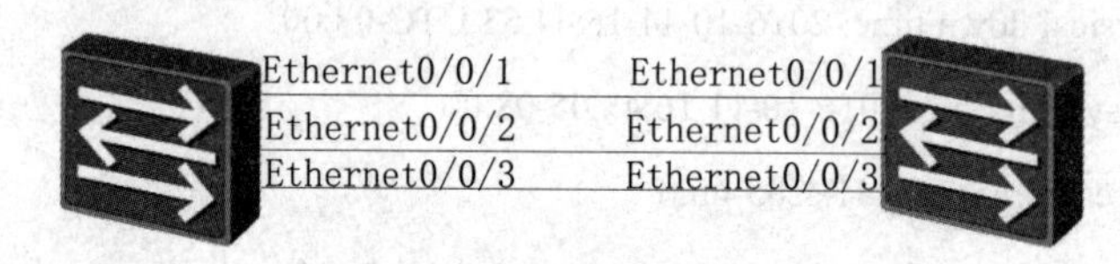

图 4-8 链路聚合配置拓扑图

链路聚合是指将多条以太网链路汇聚在一起形成一个汇聚组，以实现出 / 入负荷在各成员端口中的分担。值得注意的是：同一汇聚组内的以太网端口类型必须一致，并且端口号必须连续，即：如果组内的端口是同一槽内的端口，则端口号必须连续。端口干路不支持两个设备以上的应用，只适用于 802.3 协议族的 MAC 机制，并且只能工作在全双工模式下，而且所有捆绑端口速率必须一致。

在两端交换机上：首先配置聚合组的所有端口工作在全双工模式，端口速率设为一致 100Mbps。链路聚合配置步骤如下。

步骤 1：交换机接口基础配置。

配置第一台交换机 S1

进入以太网端口 Ethernet0/0/1：

```
[S1-Ethernet0/0/1] duplex full
```

配置 Ethernet0/0/1 端口模式为全双工模式：

```
[S1-Ethernet0/0/1]duplex full
```

配置 Ethernet0/0/1 端口速率为 100M：

```
[S1-Ethernet0/0/1]Speed l00
```

进入以太网端口 Ethernet0/0/2：

```
[S1-Ethernet0/0/2] duplex full
```

配置 Ethernet0/0/2 端口模式为全双工模式：

```
[S1-Ethernet0/0/2]duplex full
```

配置 Ethernet0/0/2 端口速率为 100M：

```
[S1-Ethernet0/0/2]Speed l00
```

进入以太网端口 Ethernet0/0/3：

```
[S1-Ethernet0/0/3] duplex full
```

配置 Ethernet0/0/3 端口模式为全双工模式：

```
[S1-Ethernet0/0/3]duplex full
```

配置 Ethernet0/0/3 端口速率为 100M：

```
[S1-Ethernet0/0/3]Speed l00
```

配置第二台交换机 S2

进入以太网端口 Ethernet0/0/1：

```
[S2-Ethernet0/0/1] duplex full
```

配置 Ethernet0/0/1 端口模式为全双工模式：

```
[S2-Ethernet0/0/1]duplex full
```

配置 Ethernet0/0/1 端口速率为 100M：

```
[S2-Ethernet0/0/1]Speed l00
```

进入以太网端口 Ethernet0/0/2：

```
[S2-Ethernet0/0/2] duplex full
```

配置 Ethernet0/0/2 端口模式为全双工模式：

```
[S2-Ethernet0/0/2] duplex full
```

配置 Ethernet0/0/2 端口速率为 100M：

```
[S2-Ethernet0/0/2]Speed l00
```

进入以太网端口 Ethernet0/0/3：

```
[S2-Ethernet0/0/3] duplex full
```

配置 Ethernet0/0/3 端口模式为全双工模式：

```
[S2-Ethernet0/0/3] duplex full
```

配置 Ethernet0/0/3 端口速率为 100M：

```
[S2-Ethernet0/0/3]Speed l00
```

步骤 2：配置手动模式的链路聚合。

在 S1 和 S2 上创建 Eth-Trunk 1，然后将 Ethernet0/0/1、Ethernet0/0/2 和 Ethernet0/0/3 接口加入 Eth-Trunk 1。（注意：将接口加入 Eth-Trunk 前需确认成员接口下没有任何

配置）

S1 上创建 Eth-Trunk 1，将 Ethernet0/0/1、Ethernet0/0/2 和 Ethernet0/0/3 接口加入 Eth-Trunk 1。

```
[S1] interface Eth-Trunk 1                                    //……创建Eth-Trunk
[S1-Eth-Trunk1] quit
[S1] interface Ethernet0/0/1
[S1-Ethernet0/0/1] eth-trunk 1                                //……将接口加入到Eth-Trunk
[S1-Ethernet0/0/1] quit
[S1-Ethernet0/0/1] interface Ethernet 0/0/2
[S1-Ethernet0/0/2] eth-trunk 1
[S1-Ethernet0/0/2] interface Ethernet 0/0/3
[S1-Ethernet0/0/3] eth-trunk 1
```

S2 上创建 Eth-Trunk 1，将 Ethernet0/0/1、Ethernet0/0/2 和 Ethernet0/0/3 接口加入 Eth-Trunk 1。

[S2] interface Eth-Trunk 1

```
[S2-Eth-Trunk1] quit
[S2] interface Ethernet0/0/1
[S2-Ethernet0/0/1] eth-trunk 1
[S2-Ethernet0/0/1] quit
[S2-Ethernet0/0/1] interface Ethernet 0/0/2
[S2-Ethernet0/0/2] eth-trunk 1
[S2-Ethernet0/0/2] interface Ethernet 0/0/3
[S2-Ethernet0/0/3] eth-trunk 1
```

步骤 3：手动链路聚合配置完成。

本章小结

本章主要讲述了交换机的基本知识、交换机的配置方法、交换机的软件升级和交换机端口配置等相关知识。本章知识点如下。

（1）交换机是工作在数据链路层的设备。交换机可以将一个共享式以太网分割为多个冲突域。路由器负责在网络间转发报文。它能够在自身的路由表里查找到达目的地的下一跳地址，将报文转发给下一跳路由器，如此重复，并最终将报文送达目的地。

（2）交换机的主要功能包括物理编址、网络拓扑结构、错误校验、帧序列以及流控。交换机的工作原理主要是指交换机对于传输介质进入其端口的帧进行转发的过程。

（3）交换机的基本配置方法：以太网交换机基础、以太网交换机配置方式、交换机配置。

（4）交换机的常用配置命令。交换机常见命令视图有用户视图、系统视图、VLAN 配置视图和 VTY 用户界面视图。

（5）FTP 数据连接的建立有两种：主动模式和被动模式；交换机软件升级配置。

（6）端口常用配置、链路聚合配置。

本章习题

一、选择题

1．通过 console 口管理交换机在超级终端里应设为（　　）。

A．波特率：9600　数据位：8　停止位：1　奇偶校验：无

B．波特率：57600　数据位：8　停止位：1　奇偶校验：有

C．波特率：9600　数据位：6　停止位：2　奇偶校验：有

D．波特率：57600　数据位：6　停止位：1　奇偶校验：无

2. 以太网交换机组网中有环路出现也能正常工作，则是由于运行了（　　）协议。

A．801.z　　B．802.3　　C．Trunk　　D．Spanning Tree

3．请问应该在下列哪些模式下创建 VLAN？（　　）

A．用户模式　　B．特权模式

C．全局配置模式　　D．接口配置模式

4．可以通过以下哪些方式对路由器进行配置？（　　）

A．通过 Console 口进行本地配置　　B．通过 Aux 进行远程配置

C．通过 Telnet 方式进行配置　　D．通过 Ftp 方式进行配置

5. 各种网络主机设备需要使用具体的线缆连接，下列网络设备间的连接哪些是正确的？（　　）

A．主机——主机，直连　　B．主机——交换机，交叉

C．主机——路由器，直连　　D．路由器——路由器，直连

E．交换机——路由器，直连

6．以下对 MAC 地址描述正确的是？（　　）

A．由32位2进制数组成　　　　B．由48位2进制数组成
C．前6位16进制由IEEE分配　　D．后6位16进制由IEEE分配

7．交换机端口允许以几种方划归VLAN，分别为（　　）？

A．Access模式　　　　B．Multi模式
C．Trunk模式　　　　D．Port模式

二、简答题

1．简述交换机VRP升级配置的步骤及命令，如果条件许可，在真机环境下进行模拟。

2．在企业网络的搭建中，作为网络工程师为了方便以后管理网络设备，均会配置远程登录，简述交换机远程登录的配置方法及命令。

3．简述二层交换机的工作原理

4．在交换机中划分VLAN的目的，企业网络中使用VLAN的好处是什么？

5．ENSP下搭建如下所示的实验拓扑，交换机S1和S2均是华为S3700系列交换机，通过实验请回答：

（1）交换机端口的模式有哪些？

（2）链路聚合的优点及缺点分别是什么？

（3）链路聚合时当两端端口速率不匹配时，如何配置？

(4)使用抓包工具分别查看三条线路是否都有流量通过？即是否实现了流量的负载和分担。

（5）当其中任意一条线路故障后，流量会如何进行分配，是否会出现间歇性的断网。实验拓扑如图4-9所示。

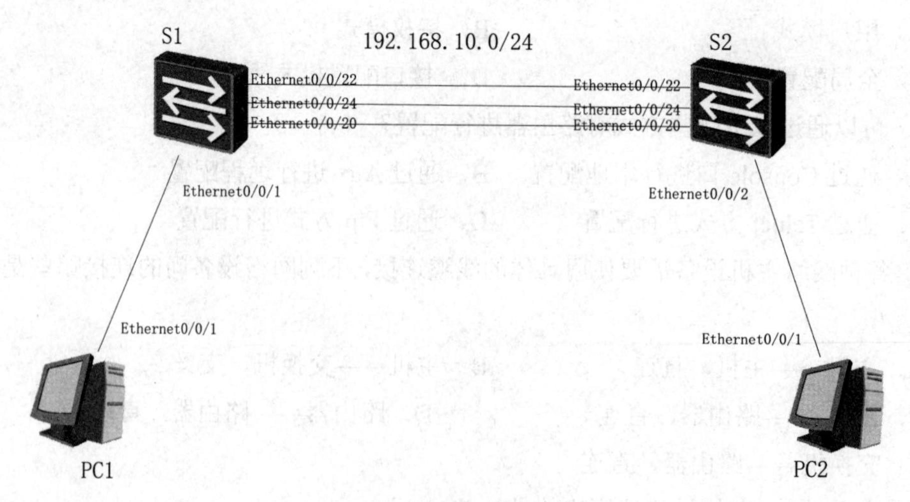

图4-9　实验拓扑

实验提示：在测试时，使用 Ping 命令中的-t，实现数据流量的长时访问。为了测试三条三路是否有流量通过时，建议将 Ping 的数据包调大到 4500B。

第 5 章 STP 和 RSTP

【本章导读】

快速生成树协议（Rapid Spanning Tree Protocol，RSTP）是 802.1w 由 802.1d 发展而成，这种协议在网络结构发生变化时，能更快的收敛网络。它比 802.1d 多了两种端口类型:预备端口类型（Alternate Port）和备份端口类型。生成树协议（Spanning Tree Protocol，简称 STP ）可应用于环路网络，通过一定的算法实现路径冗余，同时将环路网络修剪成无环路的树型网络，从而避免报文在环路网络中的增生和无限循环。

【本章学习目标】

- 掌握 STP 的基本知识
- 掌握 RSTP 的基本知识

5.1 STP 的基本知识

5.1.1 STP 原理

随着局域网规模的不断扩大，越来越多的交换机被用来实现主机之间的互连。如果交换机之间仅使用一条链路互连，则可能会出现单点故障，导致业务中断。为了解决此类问题，交换机在互连时一般都会使用冗余链路来实现备份。

冗余链路虽然增强了网络的可靠性，但是也会产生环路，而环路会带来一系列的问题，继而导致通信质量下降和通信业务中断等问题。

根据交换机的转发原则，如果交换机从一个端口上接收到的是一个广播帧，或者是一个目的 MAC 地址未知的单播帧，则会将这个帧向除源端口之外的所有其他端口转发。如果交换网络中有环路，则这个帧会被无限转发，此时便会形成广播风暴，网络中也会充斥着重复的数据帧。

在以太网中，二层网络的环路会带来广播风暴，MAC 地址表震荡，重复数据帧等问题。为解决交换网络中的环路问题，提出了 STP。

STP 的主要作用有以下两个。

消除环路：通过阻断冗余链路来消除网络中可能存在的环路。

链路备份：当活动路径发生故障时，激活备份链路，及时恢复网络连通性。

5.1.2 STP 举例

2 台以太网交换机环形互连，2 根网线使两台交换机互连，拓扑图如图 5-1 所示。

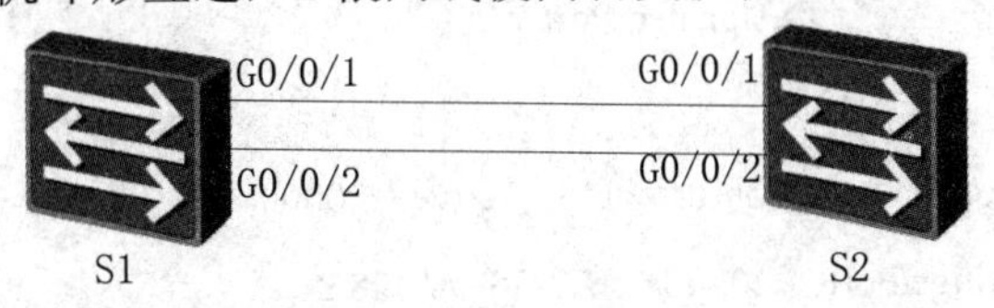

图 5-1 STP 实例拓扑图

其配置步骤如下。

步骤 1：配置 STP 并验证。

S1 和 S2 之间有两条链路。在 S1 和 S2 上启用 STP，并把 S1 配置为根桥。

```
<Huawei>system-view
Enter system view,    return user view with Ctrl+Z.
[Huawei]sysname S1
[S1]stp mode stp                                    //......选择模式
[S1]stp root primary                                //...... 设置为跟桥
```

```
<huawei>system-view
Enter system view,    return user view with Ctrl+Z.
[Quidway]sysname S2
[S2]stp mode stp
[S2]stp root secondary
```

执行 display stp brief 命令查看 STP 信息。

```
<S1>display stp brief
MSTID  Port                     Role   STP State      Protection
  0    GigabitEthernet0/0/1     DESI   FORWARDING      NONE
  0    GigabitEthernet0/0/2     DESI   FORWARDING      NONE

<S2>display stp brief
MSTID  Port                     Role   STP State      Protection
  0    GigabitEthernet0/0/1     ROOT   FORWARDING      NONE
```

```
0      GigabitEthernet0/0/2          ALTE    DISCARDING          NONE
```

执行 display stp interface 命令查看端口的 STP 状态。

```
<S1>display stp interface GigabitEthernet 0/0/2
----[Port2（GigabitEthernet0/0/2）][FORWARDING]----
 Port Protocol            :Enabled
 Port Role                :Designated Port
 Port Priority            :128
 Port Cost（Dot1T ）      :Config=auto / Active=20000
 Designated Bridge/Port   :0.4c1f-cc72-3699 / 128.2
 Port Edged               :Config=default / Active=disabled
 Point-to-point           :Config=auto / Active=true
 Transit Limit            :147 packets/hello-time
 Protection Type          :None
 Port STP Mode            :STP
 Port Protocol Type       :Config=auto / Active=dot1s
 BPDU Encapsulation       :Config=stp / Active=stp
PortTimes:Hello 2s MaxAge 20s FwDly 15s RemHop 20
 TC or TCN send           :17
 TC or TCN received       :4
 BPDU Sent                :365
          TCN: 0，  Config: 365，  RST: 0，  MST: 0
 BPDU Received            :16
          TCN: 0，  Config: 16，  RST: 0，  MST: 0

<S2>display stp interface GigabitEthernet 0/0/2
----[Port2（GigabitEthernet0/0/2）][DISCARDING]----
 Port Protocol            :Enabled
 Port Role                :Alternate Port
 Port Priority            :128
 Port Cost（Dot1T ）      :Config=auto / Active=20000
 Designated Bridge/Port   :0.4c1f-cc72-3699 / 128.2
 Port Edged               :Config=default / Active=disabled
 Point-to-point           :Config=auto / Active=true
```

```
Transit Limit          :147 packets/hello-time
Protection Type        :None
Port STP Mode          :STP
Port Protocol Type     :Config=auto / Active=dot1s
BPDU Encapsulation     :Config=stp / Active=stp
PortTimes:Hello 2s MaxAge 20s FwDly 15s RemHop 0
TC or TCN send         :0
TC or TCN received     :17
BPDU Sent              :2
         TCN: 0,  Config: 2,  RST: 0,  MST: 0
BPDU Received          :399
         TCN: 0,  Config: 399,  RST: 0,  MST: 0
```

步骤 2：控制根桥选举。

执行 display stp 命令查看根桥信息。根桥设备的 CIST Bridge 与 CISTRoot/ERPC 字段取值相同。

```
<S1>display stp                                    //……查看STP
-------[CIST Global Info][Mode STP]-------
CIST Bridge            :0    .4c1f-cc72-3699
Config Times           :Hello 2s MaxAge 20s FwDly 15s MaxHop 20
Active Times           :Hello 2s MaxAge 20s FwDly 15s MaxHop 20
CIST Root/ERPC         :0    .4c1f-cc72-3699 / 0
CIST RegRoot/IRPC      :0    .4c1f-cc72-3699 / 0
CIST RootPortId:0.0
BPDU-Protection        :Disabled
CIST Root Type         :Primary root
TC or TCN received     :25
TC count per hello     :0
STP Converge Mode      :Normal
Time since last TC     :0 days 0h:33m:40s
Number of TC           :5
Last TC occurred       :GigabitEthernet0/0/1

<S2>display stp
```

```
-------[CIST Global Info][Mode STP]-------
CIST Bridge              :4096 .4c1f-cc47-2840
Config Times             :Hello 2s MaxAge 20s FwDly 15s MaxHop 20
Active Times             :Hello 2s MaxAge 20s FwDly 15s MaxHop 20
CIST Root/ERPC           :0      .4c1f-cc72-3699 / 20000
CIST RegRoot/IRPC        :4096 .4c1f-cc47-2840 / 0
CIST RootPortId:128.1
BPDU-Protection          :Disabled
CIST Root Type           :Secondary root
TC or TCN received       :37
TC count per hello       :0
STP Converge Mode        :Normal
Time since last TC       :0 days 0h:36m:7s
Number of TC             :5
Last TC occurred         :GigabitEthernet0/0/1
```

通过配置优先级，使 S2 为根桥，S1 为备份根桥。桥优先级取值越小，则优先级越高。把 S1 和 S2 的优先级分别设置为 8192 和 4096。

```
[S1]undo stp root                          //……关闭
[S1]stp priority 8192                      //……设置优先级
[S2]undostp root
[S2]stp priority 4096
```

执行 display stp 命令查看新的根桥信息。

```
<S1>display stp
-------[CIST Global Info][Mode STP]-------
CIST Bridge              :8192 .4c1f-cc72-3699
Config Times             :Hello 2s MaxAge 20s FwDly 15s MaxHop 20
Active Times             :Hello 2s MaxAge 20s FwDly 15s MaxHop 20
CIST Root/ERPC           :4096 .4c1f-cc47-2840 / 20000
CIST RegRoot/IRPC        :8192 .4c1f-cc72-3699 / 0
CIST RootPortId:128.1
BPDU-Protection          :Disabled
TC or TCN received       :25
TC count per hello       :0
```

```
STP Converge Mode      :Normal
Time since last TC    :0 days 0h:39m:45s
Number of TC           :5
Last TC occurred       :GigabitEthernet0/0/1

<S2>display stp
-------[CIST Global Info][Mode STP]-------
CIST Bridge            :4096 .4c1f-cc47-2840
Config Times           :Hello 2s MaxAge 20s FwDly 15s MaxHop 20
Active Times           :Hello 2s MaxAge 20s FwDly 15s MaxHop 20
CIST Root/ERPC         :4096 .4c1f-cc47-2840 / 0
CIST RegRoot/IRPC      :4096 .4c1f-cc47-2840 / 0
CIST RootPortId:0.0
BPDU-Protection        :Disabled
TC or TCN received     :37
TC count per hello     :0
STP Converge Mode      :Normal
Time since last TC     :0 days 0h:0m:13s
Number of TC           :6
Last TC occurred       :GigabitEthernet0/0/2
```

由上述回显信息可以看出，S2 已经变成新的根桥。关闭 S2 的 G0/0/1 和 G0/0/2 端口，从而隔离 S1 与 S2，模拟 S2 发生故障。

```
[S2] interface GigabitEthernet 0/0/1
[S2-GigabitEthernet0/0/9]shutdown                          //……关闭端口
[S2-GigabitEthernet0/0/9]quit
[S2] interface GigabitEthernet 0/0/2
[S2-GigabitEthernet0/0/10]shutdown

<S1>display stp
-------[CIST Global Info][Mode STP]-------
CIST Bridge            :8192 .4c1f-cc72-3699
Config Times           :Hello 2s MaxAge 20s FwDly 15s MaxHop 20
Active Times           :Hello 2s MaxAge 20s FwDly 15s MaxHop 20
```

```
CIST Root/ERPC          :4096 .4c1f-cc47-2840 / 20000
CIST RegRoot/IRPC       :8192 .4c1f-cc72-3699 / 0
CIST RootPortId:128.2
BPDU-Protection         :Disabled
TC or TCN received      :64
TC count per hello      :0
STP Converge Mode       :Normal
Time since last TC      :0 days 0h:4m:3s
Number of TC            :6
Last TC occurred        :GigabitEthernet0/0/1
```

在上述回显信息中，表明当S2故障时，S1变成根桥。开启S2关闭的接口。

```
[S2]interfaceGigabitEthernet 0/0/1
[S2-GigabitEthernet0/0/9]undo shutdown                              //……开启端口
[S2-GigabitEthernet0/0/9]quit
[S2]interfaceGigabitEthernet 0/0/2
[S2-GigabitEthernet0/0/10]undo shutdown

<S1>display stp
-------[CIST Global Info][Mode STP]-------
CIST Bridge             :8192 .4c1f-cc72-3699
Config Times            :Hello 2s MaxAge 20s FwDly 15s MaxHop 20
Active Times            :Hello 2s MaxAge 20s FwDly 15s MaxHop 20
CIST Root/ERPC          :4096 .4c1f-cc47-2840 / 20000
CIST RegRoot/IRPC       :8192 .4c1f-cc72-3699 / 0
CIST RootPortId:128.1
BPDU-Protection         :Disabled
TC or TCN received      :65
TC count per hello      :1
STP Converge Mode       :Normal
Time since last TC      :0 days 0h:0m:1s
Number of TC            :8
Last TC occurred        :GigabitEthernet0/0/1
```

```
<S2>display stp
-------[CIST Global Info][Mode STP]-------
CIST Bridge            :4096 .4c1f-cc47-2840
Config Times           :Hello 2s MaxAge 20s FwDly 15s MaxHop 20
Active Times           :Hello 2s MaxAge 20s FwDly 15s MaxHop 20
CIST Root/ERPC         :4096 .4c1f-cc47-2840 / 0
CIST RegRoot/IRPC      :4096 .4c1f-cc47-2840 / 0
CIST RootPortId:0.0
BPDU-Protection        :Disabled
TC or TCN received     :40
TC count per hello     :0
STP Converge Mode      :Normal
Time since last TC     :0 days 0h:0m:40s
Number of TC           :10
Last TC occurred       :GigabitEthernet0/0/2
```

在上述回显信息中，表明 S2 已经恢复正常，重新变成根桥。

步骤 3：控制根端口选举。

在 S1 上执行 display stp brief 命令查看端口角色。

```
<S1>display stp brief
MSTID  Port                        Role   STP State      Protection
  0    GigabitEthernet0/0/1        ROOT   FORWARDING       NONE
  0    GigabitEthernet0/0/2        ALTE   DISCARDING       NONE
```

上述回显信息表明 G0/0/1 是根端口，G0/0/2 是 Alternate 端口。通过修改端口优先级，使 G0/0/2 成为根端口，G0/0/1 成为 Alternate 端口。修改 S2 上 G0/0/1 和 G0/0/2 端口的优先级。缺省情况下端口优先级为 128。端口优先级取值越大，则优先级越低。在 S2 上，修改 G0/0/1 的端口优先级值为 32，G0/0/2 的端口优先级值为 16。因此，S1 上的 G0/0/2 端口优先级高于 S2 的 G0/0/2 端口优先级，成为根端口。

```
[S2]interface GigabitEthernet 0/0/1
[S2-GigabitEthernet0/0/1]stp port priority 32                          //……设置优先级
[S2-GigabitEthernet0/0/1]quit
[S2]interface GigabitEthernet 0/0/2
[S2-GigabitEthernet0/0/2]stp port priority 16
```

注意：此处是修改 S2 的端口优先级，而不是修改 S1 的端口优先级。

```
<S2>display stp interface GigabitEthernet 0/0/1
----[CIST][Port1（GigabitEthernet0/0/1）][FORWARDING]----
Port Protocol :Enabled
Port Role :Designated Port
Port Priority :32
Port Cost（Dot1T ） :Config=auto / Active=20000
Designated Bridge/Port :4096.4c1f-cc45-aacc / 32.9
Port Edged :Config=default / Active=disabled
Point-to-point :Config=auto / Active=true
Transit Limit :147 packets/hello-time
Protection Type :None
Port STP Mode :STP
Port Protocol Type :Config=auto / Active=dot1s
BPDU Encapsulation :Config=stp / Active=stp
PortTimes :Hello 2s MaxAge 20s FwDly 15s RemHop 20
TC or TCN send :22
TC or TCN received :1
BPDU Sent :164
TCN: 0， Config: 164， RST: 0， MST: 0
BPDU Received :2
TCN: 1， Config: 1， RST: 0， MST: 0

<S2>display stp interface GigabitEthernet 0/0/2
----[CIST][Port2（GigabitEthernet0/0/2）][FORWARDING]----
Port Protocol :Enabled
Port Role :Designated Port
Port Priority :16
Port Cost（Dot1T ） :Config=auto / Active=20000
Designated Bridge/Port :4096.4c1f-cc45-aacc / 16.10
Port Edged :Config=default / Active=disabled
Point-to-point :Config=auto / Active=true
Transit Limit :147 packets/hello-time
Protection Type :None
```

```
Port STP Mode :STP
Port Protocol Type :Config=auto / Active=dot1s
BPDU Encapsulation :Config=stp / Active=stp
PortTimes :Hello 2s MaxAge 20s FwDly 15s RemHop 20
TC or TCN send :35
TC or TCN received :1
BPDU Sent :183
TCN: 0， Config: 183， RST: 0， MST: 0
BPDU Received :2
TCN: 1， Config: 1， RST: 0， MST: 0
```

在 S1 上执行 display stp brief 命令查看端口角色。

```
<S1>display stp brief
MSTID Port Role STP State Protection
0 GigabitEthernet0/0/1ALTE DISCARDING NONE
0 GigabitEthernet0/0/2ROOT FORWARDING NONE
```

在上述回显信息中，表明 S1 的 G0/0/2 端口是根端口，G0/0/1 是 Alternate 端口。

关闭 S1 的 GigabitEthernet 0/0/2 端口，再查看端口角色。

```
[S1] interface GigabitEthernet 0/0/2
[S1-GigabitEthernet0/0/2] shutdown
<S1>display stp brief
MSTID Port Role STP State Protection
0 GigabitEthernet0/0/1ROOT FORWARDING NONE
```

在上述回显信息中，可以看出 S1 的 G0/0/1 变成了根端口。在 S2 上恢复 G0/0/1 和 G0/0/2 端口的缺省优先级，并重新开启 S1 上关闭的端口。

```
[S2] interface GigabitEthernet 0/0/1
[S2-GigabitEthernet0/0/1] undo stp port priority                    //……取消之前配置
[S2-GigabitEthernet0/0/1] quit
[S2] interface GigabitEthernet 0/0/2
[S2-GigabitEthernet0/0/2] undo stp port priority
[S1] interface GigabitEthernet 0/0/2
[S1-GigabitEthernet0/0/2] undo shutdown
```

在 S1 上执行 display stp brief 命令和 display stp interface 命令查看端口角色。

```
<S1>display stp brief
```

```
MSTID Port Role STP State Protection
0 GigabitEthernet0/0/1ROOT FORWARDING NONE
0 GigabitEthernet0/0/2ALTE DISCARDING NONE

[S1]displaystp interface GigabitEthernet 0/0/1
----[CIST][Port1（GigabitEthernet0/0/1）][FORWARDING]----
Port Protocol :Enabled
Port Role :Root Port
Port Priority :128
Port Cost（Dot1T ） :Config＝auto / Active＝20000
Designated Bridge/Port :4096.4c1f-cc45-aacc / 128.9
Port Edged :Config＝default / Active＝disabled
Point-to-point: Config＝auto / Active＝true
Transit Limit :147 packets/hello-time
Protection Type :None
Port STP Mode :STP
Port Protocol Type :Config＝auto / Active＝dot1s
BPDU Encapsulation :Config＝stp / Active＝stp
PortTimes :Hello 2s MaxAge 20s FwDly 15s RemHop 0
TC or TCN send :4
TC or TCN received :90
BPDU Sent :5
TCN: 4， Config: 1， RST: 0， MST: 0
BPDU Received :622
TCN: 0， Config: 622， RST: 0， MST: 0

[S1]displaystp interface GigabitEthernet 0/0/2
----[CIST][Port2（GigabitEthernet0/0/2）][DISCARDING]----
Port Protocol :Enabled
Port Role :Alternate Port
Port Priority :128
Port Cost（Dot1T ） :Config＝auto / Active＝20000
Designated Bridge/Port :4096.4c1f-cc45-aacc / 128.10
```

```
Port Edged :Config=default / Active=disabled
Point-to-point :Config=auto / Active=true
Transit Limit :147 packets/hello-time
Protection Type :None
Port STP Mode :STP
Port Protocol Type :Config=auto / Active=dot1s
BPDU Encapsulation :Config=stp / Active=stp
PortTimes :Hello 2s MaxAge 20s FwDly 15s RemHop 0
TC or TCN send :3
TC or TCN received :90
BPDU Sent :4
TCN: 3，  Config: 1，  RST: 0，  MST: 0
BPDU Received :637
TCN: 0，  Config: 637，  RST: 0，  MST: 0
```

在上述回显信息中，灰色部分表明 G0/0/1 和 G0/0/2 的端口开销缺省情况下为 20000。

修改 S1 上的 G0/0/1 端口开销值为 200000。

```
[S1]interfaceGigabitEthernet 0/0/1
[S1-GigabitEthernet0/0/1]stp cost 200000                    //……配置开销
在S1上执行display stp brief命令和display stp interface命令查看端口角色。
<S1>display stp interface GigabitEthernet 0/0/1
----[CIST][Port1（GigabitEthernet0/0/1）][DISCARDING]----
Port Protocol :Enabled
Port Role :Alternate Port
Port Priority :128
Port Cost （Dot1T ） :Config=200000 / Active=200000
Designated Bridge/Port :4096.4c1f-cc45-aacc / 128.9
Port Edged: Config=default / Active=disabled
Point-to-point: Config=auto / Active=true
Transit Limit: 147 packets/hello-time
Protection Type: None
Port STP Mode: STP
Port Protocol Type: Config=auto / Active=dot1s
```

```
BPDU Encapsulation: Config=stp / Active=stp
PortTimes: Hello 2s MaxAge 20s FwDly 15s RemHop 0
TC or TCN send: 4
TC or TCN received: 108
BPDU Sent: 5
TCN: 4,    Config: 1,    RST: 0,    MST: 0
BPDU Received: 818
TCN: 0,    Config: 818,    RST: 0,    MST: 0

<S1>display stp brief
MSTID Port Role STP State Protection
0 GigabitEthernet0/0/1ALTE DISCARDINGNONE
0 GigabitEthernet0/0/2ROOT FORWARDINGNONE
```

此时，S1 上的 G0/0/10 端口变为根端口。

5.2 RSTP 的基本知识

5.2.1 RSTP 原理

STP 协议虽然能够解决环路问题，STP 能够提供无环网络，但是收敛速度慢，影响了用户通信质量。如果 STP 网络的拓扑结构频繁变化，网络也会随之频繁失去连通性，从而导致用户通信频繁中断。IEEE 于 2001 年发布的 802.1w 标准定义了快速生成树协议 RSTP（Rapid Spanning-Tree Protocol），RSTP 在 STP 基础上进行了改进，实现了网络拓扑快速收敛。RSTP 使用了 Proposal/Agreement 机制保证链路及时协商，从而有效避免收敛计时器在生成树收敛前超时。

RSTP 的工作模式包括两种：RSTP 模式和 STP 兼容模式。网络中所有网络设备都运行 RSTP 的情况下，运行 RSTP 的交换机将工作在 RSTP 模式下；如果网络中既存在运行 STP 的网络设备同时又存在运行 RSTP 的网络设备，则最好将运行 RSTP 的交换机设置为工作在 STP 兼容模式下。可以通过下面的命令配置 RSTP 的工作模式。

```
stp mode { stp | rstp }
```

缺省情况下，运行 RSTP 的交换机工作在 RSTP 模式下。

5.2.2 RSTP 配置

2 台以太网交换机环形互连，2 根网线使两台交换机互连，拓扑图如下 5-2 所示。

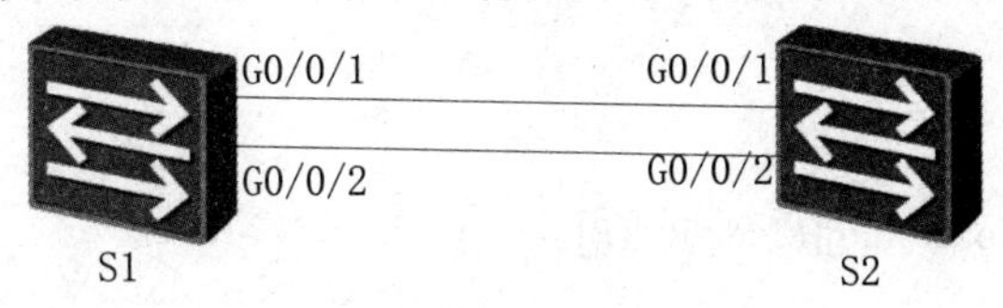

图 5-2　RSTP 实例拓扑图

其配置步骤如下。

步骤 1：实验环境准备。

```
<Huawei>system-view
Enter system view,  return user view with Ctrl+Z.
[Huawei]sysname S1

<Huawei>system-view
Enter system view,  return user view with Ctrl+Z.
[Huawei]sysname S2
```

步骤 2：配置 RSTP 并验证 RSTP 配置。

```
[S1]stp mode rstp
[S2]stp mode rstp
```

执行 display stp 命令查看 RSTP 的简要信息。

```
[S1]displaystp
-------[CIST Global Info][Mode RSTP]-------
CIST Bridge          :32768.4c1f-cca4-01e0
Config Times         :Hello 2s MaxAge 20s FwDly 15s MaxHop 20
Active Times         :Hello 2s MaxAge 20s FwDly 15s MaxHop 20
CIST Root/ERPC       :32768.4c1f-cc1a-6856 / 20000
CIST RegRoot/IRPC    :32768.4c1f-cca4-01e0 / 0
CIST RootPortId:128.1
BPDU-Protection      :Disabled
TC or TCN received   :7
TC count per hello   :0
STP Converge Mode    :Normal
```

```
Time since last TC    :0 days 0h:0m:43s
Number of TC          :6
Last TC occurred      :GigabitEthernet0/0/1

[S2]displaystp
-------[CIST Global Info][Mode RSTP]-------
CIST Bridge           :32768.4c1f-cc1a-6856
Config Times          :Hello 2s MaxAge 20s FwDly 15s MaxHop 20
Active Times          :Hello 2s MaxAge 20s FwDly 15s MaxHop 20
CIST Root/ERPC        :32768.4c1f-cc1a-6856 / 0
CIST RegRoot/IRPC     :32768.4c1f-cc1a-6856 / 0
CIST RootPortId:0.0
BPDU-Protection       :Disabled
TC or TCN received    :2
TC count per hello    :0
STP Converge Mode     :Normal
Time since last TC    :0 days 0h:2m:48s
Number of TC          :5
Last TC occurred      :GigabitEthernet0/0/2
```

步骤 3：配置边缘端口。

边缘端口可以不通过 RSTP 计算直接由 Discarding 状态转变为 Forwarding 状态。假设 S1 和 S2 上的 G0/0/3 端口都连接的是一台路由器，可以配置为边缘端口，以加快 RSTP 收敛速度。

```
[S1] interface GigabitEthernet 0/0/3
[S1-GigabitEthernet0/0/3]stp edged-port enable                    //……配置边缘
[S2] interface GigabitEthernet 0/0/3
[S2-GigabitEthernet0/0/3]stp edged-port enable
```

步骤 4：配置 BPDU 保护功能。

边缘端口直接与用户终端相连，正常情况下不会收到 BPDU 报文。但如果攻击者向交换机的边缘端口发送伪造的 BPDU 报文，交换机会自动将边缘端口设置为非边缘端口，并重新进行生成树计算，从而引起网络震荡。在交换机上配置 BPDU 保护功能，可以防止该类攻击。

执行 stpbpdu-protection 命令，在 S1 和 S2 上配置 BPDU 保护功能。

```
[S1] stpbpdu-protection
[S2]stpbpdu-protection
```

执行 display stp brief 命令查看端口上配置的保护功能。

```
<S1>display stp brief
MSTID Port Role STP State Protection
0 GigabitEthernet0/0/1ROOT FORWARDING NONE
0 GigabitEthernet0/0/2ALTE DISCARDING NONE
0 GigabitEthernet0/0/3DESI FORWARDING BPDU
<S2>display stp brief
MSTID Port Role STP State Protection
0 GigabitEthernet0/0/1DESI FORWARDING NONE
0 GigabitEthernet0/0/1DESI FORWARDING NONE
0 GigabitEthernet0/0/3DESI FORWARDING BPDU
```

配置完成后，从上述回显中部分可以看出，S1 和 S2 上的 G0/0/4 端口已经配置 BPDU 保护功能。

步骤 5：配置环路保护功能。

在运行 RSTP 协议的网络中，交换机依靠不断接收来自上游设备的 BPDU 报文维持根端口和 Alternate 端口的状态。如果由于链路拥塞或者单向链路故障导致交换机收不到来自上游设备的 BPDU 报文，交换机会重新选择根端口。原先的根端口会转变为指定端口，而原先的阻塞端口会迁移到转发状态，从而会引起网络环路。可以在交换机上配置环路保护功能，避免此种情况发生。

首先在 S1 上查看端口角色。

```
<S1>display stp brief
MSTID Port Role STP State Protection
0 GigabitEthernet0/0/1ROOT FORWARDING NONE
0 GigabitEthernet0/0/2ALTE DISCARDING NONE
0 GigabitEthernet0/0/3DESI FORWARDING BPDU
```

看到 S1 上的 G0/0/1 和 G0/0/2 端口分别为根端口和 Alternate 端口。在这两个端口上配置环路保护功能。

```
[S1]interface GigabitEthernet 0/0/1
[S1-GigabitEthernet0/0/1]stp loop-protection
[S1-GigabitEthernet0/0/1]quit
[S1]interface GigabitEthernet 0/0/2
```

```
[S1-GigabitEthernet0/0/2]stp loop-protection
```

执行 display stp brief 命令查看端口上配置的保护功能。

```
<S1>display stp brief
MSTID Port Role STP State Protection
0 GigabitEthernet0/0/1ROOT FORWARDING           LOOP
0 GigabitEthernet0/0/2ALTE DISCARDING           LOOP
0 GigabitEthernet0/0/3DESI FORWARDING BPDU
```

因为 S2 是根桥，S2 上的所有端口都是指定端口，无需配置环路保护功能。配置完成后，如果把 S1 配置为根桥，可以使用相同的步骤在 S2 的根端口和 Alternate 端口上配置环路保护功能。

本章小结

本章主要讲述了 STP 和 RSTP 的基本知识。本章知识点如下。

（1）在以太网中，二层网络的环路会带来广播风暴，MAC 地址表震荡，重复数据帧等问题，为解决交换网络中的环路问题，提出了 STP。STP 的主要作用有消除环路和链路备份两个。

（2）STP 和 RSTP 的配置步骤。

（3）RSTP 在 STP 基础上进行了改进，实现了网络拓扑快速收敛。RSTP 的工作模式包括两种：RSTP 模式和 STP 兼容模式。

本章习题

1．什么是接口？什么是端口？区别又是什么？

2．简述交换机接口的状态。

3．交换机接口的角色有哪些？在 STP 或 RSTP 中其作用是什么？

4．简述交换机接口状态的转换原理及时间间隔。

5．什么是环路？在交换网络中环路的形成？在网络中为什么一定要避免环路？

6．交换机避免（解决）环路的核心方法是什么？

7.什么是STP？什么是RSTP？在当前企业网络中为什么要弃STP而采用RSTP？其根本的原因是什么？RSTP 较 STP 绝对优势又是什么？

8．什么是 BPDU？BPDU 的作用是什么？

9．什么是边缘接口？在交换机中为什么要引入边缘接口？

10．综合实验拓扑。如图 5-3 所示，在 ENSP 模拟器中搭建该拓扑，并按如下要求完成实验拓扑的配置：要求所有交换机都运行 RSTP，将两台 PC 所连接的端口改为边缘端口，查看交换机接口的角色及状态并填表，如表 5-1 所示。

表 5-1　换机接口的角色及状态

接口角色端口状态	Ethernet 0/0/1	Ethernet 0/0/2	Ethernet 0/0/3
S1			
S2			
S3			
S4			

根据表 5-1 分析，并说明原因并标注 PC1 到 PC2 的流量路由，当当前流量路径故障后，标注 PC1 到 PC2 的流量路由。图 5-3 中在使用 RSTP 时有哪些不足之处，当 PC1 到 PC2 的数据流量较大时，该网络中所暴露出的问题又是什么？

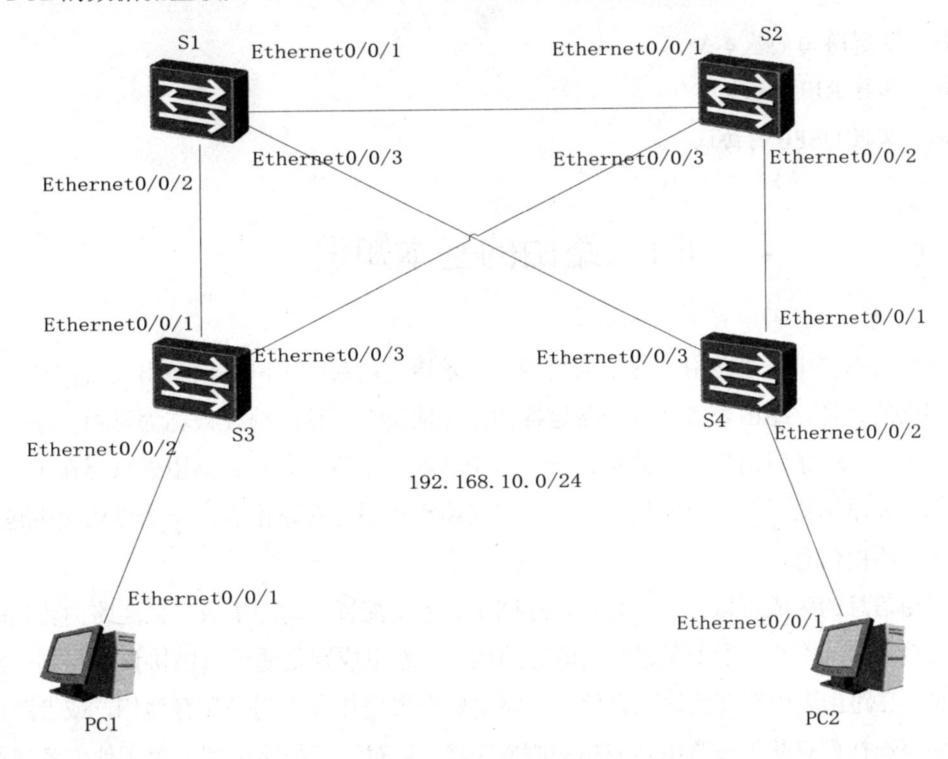

图 5-3　综合实验拓扑

第6章　路　由

【本章导读】

路由（Routing）就是通过互联的网络把信息从源地址传输到目的地址的活动。路由发生在OSI网络参考模型中的第三层即网络层。路由引导封包转送，经过一些中间的节点后，到它们最后的目的地。作成硬件的话，则称为路由器。路由通常根据路由表——一个储存到各个目的地的最佳路径的表来引导封包转送。因此为了有效率的转送封包，建立储存在路由器内存内的路由表是非常重要的。

【本章学习目标】

- 了解路由的基本知识
- 掌握RIP协议
- 掌握OSPF的协议

6.1　路由的基本知识

在网络通信中，“路由”这个词是网络的术语，指某一个网络设备出发去往某个目的网络的路径。路由表就是若干条这样的路径的集合，这些路径被称为路由信息。在路由表中，一条路由信息也被称为一个路由项或一个路由条目。路由表只存在于终端计算机和路由器（三层交换机）中，二层交换机中不存在路由表。一个路由表中包含很多条路由信息。

路由信息的生成可以分为三种：直连路由、手工配置、动态生成。直连路由就是路由器直接连接的网络，手工配置称为静态路由，动态生成则是通过路由协议而得到的路由信息。在路由表中存在的这三种路由，路由器会根据什么原则去保存他们，或者路由器该如何选择信息从那条路由转发出去呢？事实上，对这三种路由都设置了他们各自的优先级，并规定优先级的值越小，则路由的优先级越高。这样当存在相同路由信息时，就可以找到最优路由信息，保存在路由表中了。

不同厂商设备对于优先级的缺省值可能不同。华为路由器上对这几种路由的优先级的规定是，直连路由优先级为0；静态路由优先级为60；动态路由中根据协议，OSPF协

议的优先级为10，RIP协议的优先级为100，BGP协议的优先级为255。

6.1.1 路由基础

以太网交换机工作在数据链路层，用于在网络内进行数据转发。而企业网络的拓扑结构一般会比较复杂，不同的部门，或者总部和分支可能处在不同的网络中，此时就需要使用路由器来连接不同的网络，实现网络之间的数据转发。

1. 自治系统AS

自治系统（Autonomous System，AS）是由同一个管理机构管理、使用统一路由策略的路由器的集合。自治系统是由一个单一实体管辖的网络，这个实体可以是一个互联网服务提供商，或一个大型组织机构。自治系统内部遵循一个单一且明确的路由策略。最初，自治系统内部只考虑运行单个路由协议，但随着网络的发展，一个自治系统内现在也可以支持同时运行多种路由协议。

2. LAN和广播域

一个AS通常由多个不同的局域网组成。以企业网络为例，各个部门可以属于不同的局域网，或者各个分支机构和总部也可以属于不同的局域网。局域网内的主机可以通过交换机来实现相互通信。不同局域网之间的主机要想相互通信，可以通过路由器来实现。路由器工作在网络层，隔离了广播域，并可以作为每个局域网的网关，发现到达目的网络的最优路径，最终实现报文在不同网络间的转发。LAN和广播域如图6-1所示。

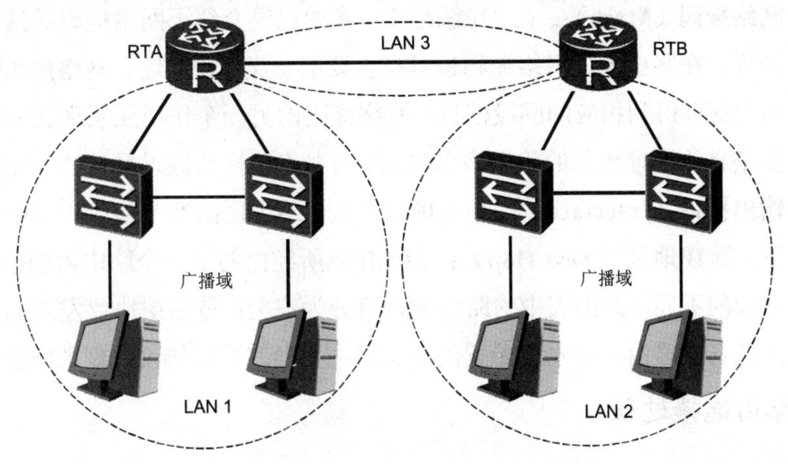

图6-1 LAN和广播域

在图6-1中，RTA和RTB把整个网络分成了三个不同的局域网，每个局域网为一个广播域。LAN1内部的主机直接可以通过交换机实现相互通信，LAN2内部的主机之间也是如此。但是，LAN1内部的主机与LAN2内部的主机之间则必须要通过路由器才能实现相互通信。

3. 路由选路

路由器收到数据包后，会根据数据包中的目的IP地址选择一条最优的路径，并将数据包转发到下一个路由器，路径上最后的路由器负责将数据包送交目的主机。数据包在网络上的传输就好像是体育运动中的接力赛一样，每一个路由器负责将数据包按照最优的路径向下一跳路由器进行转发，通过多个路由器一站一站的接力，最终将数据包通过最优路径转发到目的地。当然有时候由于实施了一些特别的路由策略，数据包通过的路径可能并不一定是最佳的。

路由器能够决定数据报文的转发路径。如果有多条路径可以到达目的地，则路由器会通过进行计算来决定最佳下一跳。计算的原则会随实际使用的路由协议不同而不同。

6.1.2 路由表和路由选择过程

路由器转发数据包的关键是路由表。每个路由器中都保存着一张路由表，表中每条路由项都指明了数据包要到达某网络或某主机应通过路由器的哪个物理接口发送，以及可到达该路径的哪个下一个路由器，或者不再经过别的路由器而直接可以到达目的地。

1. 路由表的构成

路由表中包含了下列几个关键项。

- **目的地址（Destination）**：用来标识IP包的目的地址或目的网络。
- **网络掩码（Mask）**：在“IP编址”一章中已经介绍了网络掩码的结构和作用。同样，在路由表中网络掩码也具有重要的意义。IP地址和网络掩码进行“逻辑与”便可得到相应的网段信息。网络掩码的另一个作用还表现在当路由表中有多条目的地址相同的路由信息时，路由器将选择其掩码最长的一项作为匹配项。
- **输出接口（Interface）**：指明IP包将从该路由器的哪个接口转发出去。
- **下一跳IP地址（Next Hop）**：指明IP包所经由的下一个路由器的接口地址。

根据来源的不同，路由表中的路由通常可分为三类：链路层协议发现的路由（也称为接口路由或直连路由）；手工配置的静态路由；动态路由协议发现的路由。

2. 路由选择过程

在路由器中，路由选择的依据包括目的地址、最长匹配、管理距离和度量值（Metric）。路由选择的过程如下。

（1）先根据目的地址和最长匹配原则进行查找。所谓的最长匹配就是路由查找时，使用路由表中到达同一目的地的子网掩码最长的路由。

路由器可以通过多种不同协议学到去往同一目的网络的路由，当这些路由都符合最长匹配原则时，必须决定哪个路由优先。

（2）若有两条或两条以上路由符合，则查看管理距离，不同路由协议的管理距离值不同。管理距离数值越小，优先级越高，当有多个路由信息时，选择最高优先级的路由作为最佳路由，路由协议优先级对应如表6-1所示。

表6-1 路由协议优先级对应表

路由类型	Direct	OSPF	Static	RIP
管理距离	0	10	60	100

（3）当管理距离相同时，查看度量值。度量值越小，优先级越高。

（4）路由器收到一个数据包后，先会检查其目的IP地址，然后查找路由表。查找到匹配的路由表项之后，路由器会根据该表项所指示的出接口信息和下一跳信息将数据包转发出去。

6.1.3 静态路由基础

静态路由是指由用户手工配置的路由信息。当网络的拓扑结构或链路的状态发生变化时，需要手工去修改路由表中相关的静态路由信息。静态路由信息在缺省情况下是私有的，不会传递给其他的路由器。静态路由一般适用于比较简单的网络环境，在这样的环境中，管理人员易于清楚地了解网络的拓扑结构，便于设置正确的路由信息。

1. 静态路由的优点

使用静态路由的另一个好处是网络安全保密性高。动态路由因为需要路由器之间频繁地交换各自的路由表，而对路由表的分析可以揭示网络的拓扑结构和网络地址等信息。因此，网络出于安全方面的考虑也可以采用静态路由。不占用网络带宽，因为静态路由不会产生更新流量。

2. 静态路由的缺点

大型和复杂的网络环境通常不宜采用静态路由。一方面，网络管理员难以全面地了解整个网络的拓扑结构；另一方面，当网络的拓扑结构和链路状态发生变化时，路由器中的静态路由信息需要大范围地调整，这一工作的难度和复杂程度非常高。当网络发生变化或网络发生故障时，不能重选路由，很可能使路由失败。

3. 静态路由配置示例

本例中有2台华为路由器，2台PC，3根双绞线，设备之间按照拓扑图互联，设备的接口编号及IP编址如图6-2所示。

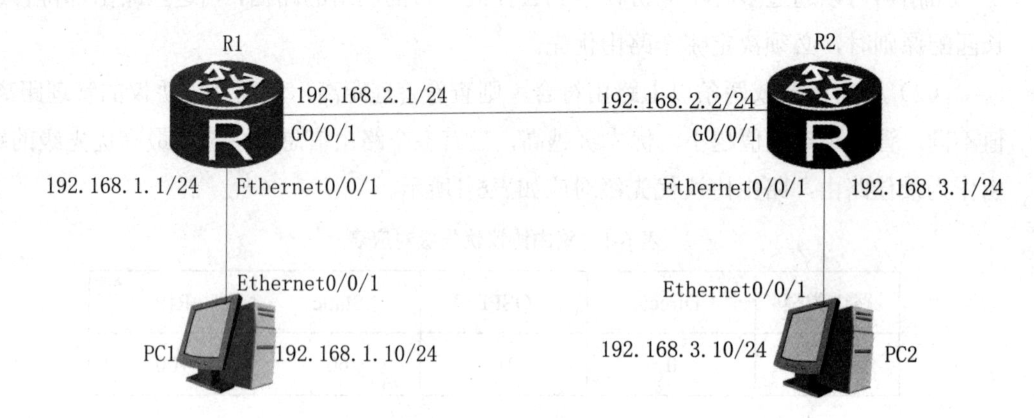

图 6-2 静态路由配置示例图

其步骤如下。

步骤1：路由器和PC的基础配置和IP编址。在R1、 R2、PC1和PC2配置设备名称和IP地址。

R1的基本配置：

```
<Huawei>system-view
Enter system view， return user view with Ctrl+Z.
[Huawei]sysname R1
[R1] interface GigabitEthernet0/0/1
[R1-GigabitEthernet0/0/1]ip address 192.168.2.1 24                //……配置地址
[R1-GigabitEthernet0/0/1]quit
[R1]interface Ethernet0/0/1
[R1-Ethernet0/0/1]ip address 192.168.1.1 24
```

执行display ip interface brief命令，检查配置情况。

```
[R1]displayip interface brief
Interface                    IP Address/Mask      Physical    Protocol
Ethernet0/0/1                192.168.1.1/24       up          up
GigabitEthernet0/0/1         192.168.2.1/24       up          up
```

R2的基本配置：

```
<Huawei>system-view
Enter system view， return user view with Ctrl+Z.
[Huawei]sysname R2
```

```
[R2] interface GigabitEthernet0/0/1
[R2-GigabitEthernet0/0/1]ip address 192.168.2.2 24
[R2-GigabitEthernet0/0/1]quit
[R2] interface Ethernet0/0/1
[R2-Ethernet0/0/1]ip address 192.168.3.1 24
```

执行display ip interface brief命令，检查配置情况。

```
[R2]displayip interface brief                              //……查看接口状态
Interface                          IP Address/Mask      Physical    Protocol
Ethernet0/0/1                      192.168.3.1/24       up          up
GigabitEthernet0/0/1               192.168.2.2/24       up          up
```

用ping命令检查R1、R2和其他设备的连通性。

```
<R1>ping 192.168.1.10                                      //……测试连通
  PING 192.168.1.10: 56  data bytes，  press CTRL_C to break
    Reply from 192.168.1.10: bytes=56 Sequence=1 ttl=128 time=60 ms
    Reply from 192.168.1.10: bytes=56 Sequence=2 ttl=128 time=10 ms
    Reply from 192.168.1.10: bytes=56 Sequence=3 ttl=128 time=50 ms
    Reply from 192.168.1.10: bytes=56 Sequence=4 ttl=128 time=40 ms
    Reply from 192.168.1.10: bytes=56 Sequence=5 ttl=128 time=50 ms
  --- 192.168.1.10 ping statistics ---
    5 packet（s） transmitted
    5 packet（s） received
    0.00% packet loss
round-trip min/avg/max = 10/42/60 ms

<R1>ping 192.168.2.2
  PING 192.168.2.2: 56 data bytes，  press CTRL_C to break
    Reply from 192.168.2.2: bytes=56 Sequence=1 ttl=255 time=50 ms
    Reply from 192.168.2.2: bytes=56 Sequence=2 ttl=255 time=50 ms
    Reply from 192.168.2.2: bytes=56 Sequence=3 ttl=255 time=20 ms
    Reply from 192.168.2.2: bytes=56 Sequence=4 ttl=255 time=50 ms
    Reply from 192.168.2.2: bytes=56 Sequence=5 ttl=255 time=40 ms
  --- 192.168.2.2 ping statistics ---
    5 packet（s） transmitted
```

```
    5 packet（s） received
    0.00% packet loss
round-trip min/avg/max = 20/42/50 ms

<R1>ping 192.168.3.10
  PING 192.168.3.10: 56  data bytes，  press CTRL_C to break
    Request time out
    Request time out
    Request time out
    Request time out
    Request time out
  --- 192.168.3.10 ping statistics ---
    5 packet（s） transmitted
    0 packet（s） received
    100.00% packet loss

<R2>ping 192.168.2.1
  PING 192.168.2.1: 56  data bytes，  press CTRL_C to break
    Reply from 192.168.2.1: bytes=56 Sequence=1 ttl=255 time=30 ms
    Reply from 192.168.2.1: bytes=56 Sequence=2 ttl=255 time=1 ms
    Reply from 192.168.2.1: bytes=56 Sequence=3 ttl=255 time=50 ms
    Reply from 192.168.2.1: bytes=56 Sequence=4 ttl=255 time=50 ms
    Reply from 192.168.2.1: bytes=56 Sequence=5 ttl=255 time=50 ms

  --- 192.168.2.1 ping statistics ---
    5 packet（s） transmitted
    5 packet（s） received
    0.00% packet loss
round-trip min/avg/max = 1/36/50 ms

<R2>ping 192.168.3.10
  PING 192.168.3.10: 56  data bytes，  press CTRL_C to break
    Reply from 192.168.3.10: bytes=56 Sequence=1 ttl=128 time=90 ms
```

```
Reply from 192.168.3.10: bytes=56 Sequence=2 ttl=128 time=20 ms
Reply from 192.168.3.10: bytes=56 Sequence=3 ttl=128 time=40 ms
Reply from 192.168.3.10: bytes=56 Sequence=4 ttl=128 time=10 ms
Reply from 192.168.3.10: bytes=56 Sequence=5 ttl=128 time=30 ms

--- 192.168.3.10 ping statistics ---
5 packet（s） transmitted
5 packet（s） received
0.00% packet loss
round-trip min/avg/max = 10/38/90 ms

<R2>ping 192.198.3.10
PING 192.198.3.10: 56  data bytes， press CTRL_C to break
Request time out
Request time out
Request time out
Request time out
Request time out

--- 192.198.3.10 ping statistics ---
5 packet（s） transmitted
0 packet（s） received
100.00% packet loss
```

检测发现，R1无法到达192.168.3.0/24网络，R2无法到达192.168.1.0/24网络，如果全网能互通，需要R1和R2有去该网段的路由信息。

步骤2：为R1和R2配置静态路由信息。

```
[R1]ip route-static 192.168.3.0 24 192.168.2.2                //……配置静态
[R2]ip route-static 192.168.1.0 24 192.168.2.1
```

ip route-static ip-address { mask | mask-length } interface-type interface-number [nexthop-address]命令用来配置静态路由。参数ip-address指定了一个网络或者主机的目的地址，参数mask指定了一个子网掩码或者前缀长度。如果使用了广播接口如以太网接口作为出接口，则必须要指定下一跳地址；如果使用了串口作为出接口，则可以通过参

数interface-type和interface-number（如Serial 1/0/0）来配置出接口，此时不必指定下一跳地址。

用ping命令测试R1与192.168.3.0/24网络、 R2与192.168.1.0/24网络是否连通。

```
<R1>ping 192.168.3.1
PING 192.168.3.1: 56  data bytes,  press CTRL_C to break
    Reply from 192.168.3.1: bytes=56 Sequence=1 ttl=255 time=60 ms
    Reply from 192.168.3.1: bytes=56 Sequence=2 ttl=255 time=20 ms
    Reply from 192.168.3.1: bytes=56 Sequence=3 ttl=255 time=40 ms
    Reply from 192.168.3.1: bytes=56 Sequence=4 ttl=255 time=30 ms
    Reply from 192.168.3.1: bytes=56 Sequence=5 ttl=255 time=50 ms

  --- 192.168.3.1 ping statistics ---
    5 packet（s） transmitted
    5 packet（s） received
    0.00% packet loss
round-trip min/avg/max = 20/40/60 ms

<R2>ping 192.168.1.1
  PING 192.168.1.1: 56  data bytes,  press CTRL_C to break
    Reply from 192.168.1.1: bytes=56 Sequence=1 ttl=255 time=40 ms
    Reply from 192.168.1.1: bytes=56 Sequence=2 ttl=255 time=50 ms
    Reply from 192.168.1.1: bytes=56 Sequence=3 ttl=255 time=30 ms
    Reply from 192.168.1.1: bytes=56 Sequence=4 ttl=255 time=50 ms
    Reply from 192.168.1.1: bytes=56 Sequence=5 ttl=255 time=30 ms

  --- 192.168.1.1 ping statistics ---
    5 packet（s） transmitted
    5 packet（s） received
    0.00% packet loss
round-trip min/avg/max = 30/40/50 ms
```

经过测试，全网能够互相通信。

用display ip routing-table命令查看R1和R2的路由表。

```
<R1>display ip routing-table
```

```
Route Flags: R - relay， D - download to fib
------------------------------------------------------------------------------
Routing Tables: Public
Destinations : 7          Routes : 7
Destination/Mask    Proto   Pre  Cost     Flags  NextHop        Interface

      127.0.0.0/8   Direct  0    0          D    127.0.0.1      InLoopBack0
      127.0.0.1/32  Direct  0    0          D    127.0.0.1      InLoopBack0
    192.168.1.0/24  Direct  0    0          D    192.168.1.1    Ethernet0/0/1
    192.168.1.1/32  Direct  0    0          D    127.0.0.1      Ethernet0/0/1
    192.168.2.0/24  Direct  0    0          D    192.168.2.1    GigabitEthernet
0/0/1
    192.168.2.1/32  Direct  0    0          D    127.0.0.1      GigabitEthernet
0/0/1
    192.168.3.0/24  Static  60   0         RD    192.168.2.2    GigabitEthernet
0/0/1

<R2>display ip routing-table
Route Flags: R - relay， D - download to fib
------------------------------------------------------------------------------
Routing Tables: Public
Destinations : 7          Routes : 7
Destination/Mask    Proto   Pre  Cost        Flags  NextHop        Interface

      127.0.0.0/8   Direct  0    0             D    127.0.0.1      InLoopBack0
      127.0.0.1/32  Direct  0    0             D    127.0.0.1      InLoopBack0
    192.168.1.0/24  Static  60   0            RD    192.168.2.1    GigabitEthernet
0/0/1
    192.168.2.0/24  Direct  0    0             D    192.168.2.2    GigabitEthernet
0/0/1
    192.168.2.2/32  Direct  0    0             D    127.0.0.1      GigabitEthernet
0/0/1
    192.168.3.0/24  Direct  0    0             D    192.168.3.1    Ethernet0/0/1
```

```
192.168.3.1/32    Direct   0      0              D     127.0.0.1           Ethernet0/0/1
```

观察R1和R2路由表信息发现，静态路由已经生效。

步骤3：配置缺省路由并测试。先清除R1和R2上配置的静态路由，然后分别配置缺省路由。

```
[R1] undoip route-static 192.168.3.0 24 192.168.2.2                    //……取消静态配置
[R1] ip route-static 0.0.0.0 0.0.0.0 192.168.2.2
[R2] undoip route-static 192.168.1.0 24 192.168.2.1
[R2] ip route-static 0.0.0.0 0.0.0.0 192.168.2.1
```

通过display ip routing-table命令分别查看R1和R2的路由表发现，在各自的路由表中出现了对应的静态路由。

6.1.4 动态路由

若某个设定好的路径无法使用时，现存的节点必须决定另一个传送资料到目的地的路径。通常使用以下两种形式的路由协定来达成：距离向量算法与连线状态算法。所有路由算法几乎都可以纳入到这两种算法中。

1. 距离向量算法

距离向量算法使用Bellman-Ford算法。对于每一条网络上节点间的路径，算法指定一个“成本”给它们。节点会选择一条总成本（经过路径的所有成本总和）最低的路径，用来把资料从节点甲送到节点乙。

此算法非常的简单。当某节点初次启动时，将只知道它的邻居节点（直接连接到该节点的节点）与到该节点的成本（这些资讯、目的地列表、每个目的地的总成本，以及到某个目的地所必须经过的“下一个节点”，构成路由表，或称距离表）。每个节点定时地将目前所知，到各个目的地的成本的资讯，送给每个邻居节点。邻居节点则检查这些资讯，并跟目前所知的资讯做比较。如果到某个目的地的成本比目前所知的低，则将收到的资讯加入自己的路由表。经过一段时间后，网络上的所有节点将会了解到所有目的地的最佳“下一个节点”与最低的总成本。

当某个节点断线时，每个将它当作某条路径的“下一个节点”的节点会将该路由资讯舍弃，再建立新的路由表资讯。接着，他们将这些资讯告诉所有相邻的节点，再找出到所有可抵达的目的地的新路径。

2. 连线状态算法

在连线状态算法中，每个节点拥有网络的图谱（一张图）。每个节点将自己可以连接到的其他节点资讯传送到网络上所有的节点，而其他节点接着各自将这个资讯加入到

图谱中。每个路由器即可根据这个图谱来决定自己到其他节点的最佳路径。

完成这个动作的算法——Dijkstra算法建立另一种数据结构——树。节点产生的树将自己视为根节点，且最后这棵树将会包含了网络中所有其他的节点。一开始，此树只有根节点（节点自己）。接着在树中已有的节点的邻居节点且不存在树中的节点集合中，选取一个成本最低的节点加入此树，直到所有节点都存入树中为止。

这棵树即用来建立路由表、提供最佳的“下一个节点”等，让节点能跟网络中其他节点通讯。

3. 两种路由算法的比较

在小型网络中，距离向量路由协定十分简单且有效率，且只需要些微管理。然而，它们的规模性不好，且收敛性也十分差，因此促进了较复杂但规模性较好的连线状态路由协定的开发，以使用在较大型的网络。距离向量路由协定也有无限计数问题。

连线状态路由协定的主要优点是在限制的时间内，对于连线改变（例如断线）的反应较快。而且连线状态路由协定在网络上所传送的封包也比距离向量路由协定的封包小。距离向量路由协定必须传送一个节点的整个路由表，但连线状态路由协定的封包只需要传输该节点的邻居节点资讯即可。因此，这些封包小到不会占用可观的网络资源。连线状态路由协定的主要缺点则是比距离向量路由协定需要较多的储存空间与较强的计算能力。

6.2 RIP协议

路由信息协议（Routing Information Protocol，简称RIP）是一种基于距离矢量（Distance-Vector）算法的协议，使用跳数作为度量来衡量到达目的网络的距离。RIP是一种分布式的基于距离矢量的路由选择协议，使用了贝尔曼-福特算法（Bellman-Ford）来计算到达目的网络的最佳路径。

最初的RIP协议开发时间较早，所以在带宽、配置和管理方面要求也较低，其最大优点就是实现简单，开销较小，RIP主要应用于规模较小的网络中。

6.2.1 距离矢量路由协议的特点

距离矢量路由协议采用距离矢量路由选择算法，它确定到网络中任一链路的方向（矢量）与距离，通过周期性的广播来更新路由报文。距离矢量路由协议具有如下几个特点。

（1）距离矢量路由协议在相邻路由器之间进行路由信息的传递，路由器周期性地把自己的路由表（Routing Table）传送给邻居路由器（Neighbor Routers）。

（2）距离矢量协议路由器直接传递各自的路由表信息，路由器从邻居得到路由信息后更新自己的路由表，并把自己更新后的路由表传给邻居，这样一级一级地传递下下达到整个网络的同步。

（3）每个路由器都不知道整个网络的拓扑结构，只知道与自己直接相连的网络情况，并根据从邻居得到的路由信息来更新自己的路由表，然后周期性地发给自己的邻居。

（4）实现和管理都比较简单。

（5）收敛速度比较慢，周期更新报文数据量大，消耗较多的带宽。

（6）为避免路由环路必须进行各种特殊处理。

6.2.2 RIP 协议的工作原理

路由信息协议功能的实现是基于距离矢量的运算法则，这种运算法在早期的网络运算中就被采用。简单来说，距离矢量的运算引入跳数值作为一个路由量度。每当路径中通过一个路由，路径中的跳数值就会加1。这就意味着跳数值越大，路径中经过的路由器就越多，路径也就越长。而路由信息协议就是通过路由间的信息交换，找到两个目的路由之间跳数值最小的路径。RIP协议的工作原理如下。

（1）初始化：RIP初始化时，会从每个参与工作的接口上发送请求数据包。该请求数据包会向所有的RIP路由器请求一份完整的路由表。该请求通过LAN上的广播形式发送LAN或者在点到点链路发送到下一跳地址来完成。这是一个特殊的请求，向相邻设备请求完整的路由更新。

（2）接收请求：RIP有两种类型的消息，响应和接收消息。请求数据包中的每个路由条目都会被处理，从而为路由建立度量以及路径，路由器会把整个路由表作为接收消息的应答返回。RIP采用跳数度量，缺省情况下，直连网络的路由跳数为0。当路由器发送路由更新时，会把度量值加1，RIP规定超过15跳视为网络不可达。

（3）接收到响应：路由器接收并处理响应，它会通过对路由表项进行添加，删除或者修改做出更新。

（4）常规路由更新和定时：路由器以30秒一次地将整个路由表以应答消息地形式发送到邻居路由器。

（5）触发路由更新：当某个路由度量发生改变时，路由器只发送与改变有关的路由，并不发送完整的路由表。

6.2.3 RIP 的版本

RIP包括RIPv1和RIPv2两个版本。RIPv1为有类别路由协议，不支持VLSM和CIDR。

RIPv2为无类别路由协议，支持VLSM，支持路由聚合与CIDR。

RIPv1使用广播发送报文。RIPv2有两种发送方式：广播方式和组播方式，缺省是组播方式。RIPv2的组播地址为224.0.0.9。组播发送报文的好处是在同一网络中那些没有运行RIP的网段可以避免接收RIP的广播报文。另外，组播发送报文还可以使运行RIPv1的网段避免错误地接收和处理RIPv2中带有子网掩码的路由。

RIPv1不支持认证功能，RIPv2支持明文认证和MD5密文认证。

6.2.4 解决路由环路的方法

任何距离向量路由选择协议（如RIP）都有一个问题，路由器不知道网络的全局情况，路由器必须依靠相邻路由器来获取网络的可达信息。由于路由选择更新信息在网络上传播慢，距离向量路由选择算法有一个慢收敛问题，这个问题将导致不一致性产生路由选择环路。RIP协议使用以下机制减少因网络上的不一致带来的路由选择环路的可能性。

解决路由环路的常用方法有以下几个。

（1）水平分割法。RIP路由协议引入了很多机制来解决环路问题，除了之前介绍的最大跳数，还有水平分割机制。水平分割的原理是，路由器从某个接口学到的路由，不会再从该接口发出去，由此避免了路由环路的产生。

（2）毒性反转。毒性反转是指路由器从某个接口学到路由后，将该路由的跳数设置为16，并从原接收接口发回给邻居路由器。

（3）触发更新。缺省情况下，一台RIP路由器每30秒会发送一次路由表更新给邻居路由器。当本地路由信息发生变化时，触发更新功能允许路由器立即发送触发更新报文给邻居路由器，来通知路由信息更新，而不需要等待更新定时器超时，从而加速了网络收敛。

6.2.5 RIP配置示例

本例中有4台华为路由器，3根双绞线，其中有1台路由器模拟Internet接入路由器，其他3台路由器模拟作为3个独立的部门，IP地址规划和接口互联按照拓扑图连接，设备的接口编号及IP编址如图6-3所示。

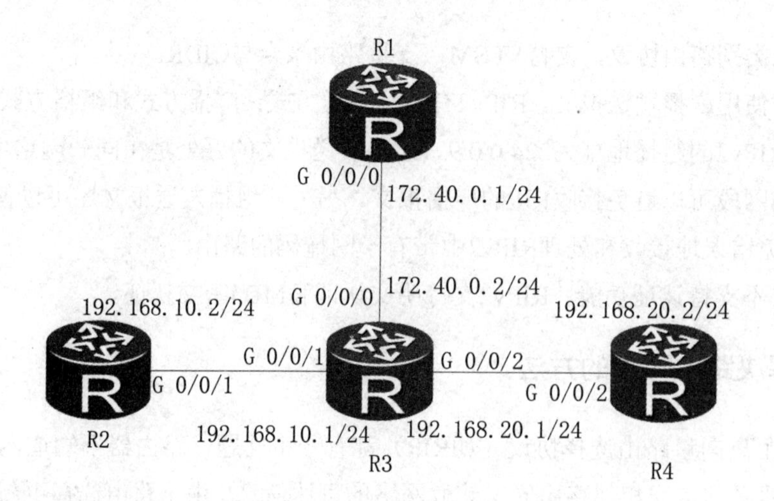

图 6-3 RIP 配置示例图

其步骤如下。

步骤1：基本配置及各接口的IP地址配置。

```
<Huawei>system-view
Enter system view, return user view with Ctrl+Z.
[Huawei]sysname R1
[R1] interface GigabitEthernet0/0/0
[R1-GigabitEthernet0/0/0]ip address 172.40.0.1 24
```

```
<Huawei>system-view
Enter system view, return user view with Ctrl+Z.
[Huawei]sysname R2
[R2] interface GigabitEthernet0/0/1
[R2-GigabitEthernet0/0/1]ip address 192.168.10.2 24
```

```
<Huawei>system-view
Enter system view, return user view with Ctrl+Z.
[Huawei]sysname R3
[R3] interface GigabitEthernet0/0/0
[R3-GigabitEthernet0/0/0]ip address 172.40.0.2 24
[R3-GigabitEthernet0/0/0] quit
[R3] interface GigabitEthernet0/0/1
```

```
[R3-GigabitEthernet0/0/1]ip address 192.168.10.1 24
[R3-GigabitEthernet0/0/1] quit
[R3] interface GigabitEthernet0/0/2
[R3-GigabitEthernet0/0/2]ip address 192.168.20.1 24
```

```
<Huawei>system-view
Enter system view,  return user view with Ctrl+Z.
[Huawei]sysname R4
[R4] interface GigabitEthernet0/0/2
[R4-GigabitEthernet0/0/2]ip address 192.168.20.2 24
```

步骤2：配置RIP基本功能及版本。

```
[R1]rip                                   //……进入RIP
[R1-rip-1] network 172.40.0.0             //……申明作用网络
[R1t-rip-1] version 2                     //……修改版本

[R2] rip
[R2-rip-1] version 2
[R2-rip-1] network 192.168.10.0

[R3]rip
[R3-rip-1] version 2
[R3-rip-1] network 192.168.10.0
[R3-rip-1] network 192.168.20.0
[R3-rip-1] network 172.40.0.0

[R4] rip
[R4-rip-1] version 2
[R4-rip-1] network 192.168.20.0
```

步骤3：测试网络连通性。

```
[R1] ping 192.168.20.2
  PING 192.168.20.2: 56data bytes,  press CTRL_C to break
```

```
Reply from 192.168.20.2: bytes=56 Sequence=1 ttl=254 time=200 ms
Reply from 192.168.20.2: bytes=56 Sequence=2 ttl=254 time=50 ms
Reply from 192.168.20.2: bytes=56 Sequence=3 ttl=254 time=60 ms
Reply from 192.168.20.2: bytes=56 Sequence=4 ttl=254 time=40 ms
Reply from 192.168.20.2: bytes=56 Sequence=5 ttl=254 time=30 ms

--- 192.168.20.2 ping statistics ---
 5 packet（s） transmitted
 5 packet（s） received
 0.00% packet loss
 round-trip min/avg/max = 30/76/200 ms
```

查看R1，R2，R3，R4的路由表：

```
[R1] display rip 1 route
Route Flags: R - RIP
        A - Aging,   G - Garbage-collect
--------------------------------------------------------------------------
Peer 172.40.0.2 on GigabitEthernet0/0/0
   Destination/Mask      Nexthop    Cost  Tag   Flags  Sec
  192.168.20.0/24      172.40.0.2    1   0     RA     3
  192.168.10.0/24      172.40.0.2    1   0     RA     3
```

R2、R3和R4的路由表查看方法和R1的方法一样，这里不再一一列举。

6.3 OSPF 协议

开放式最短路径优先（Open Shortest Path First，简称OSPF）协议是IETF定义的一种基于链路状态的内部网关路由协议。RIP是一种基于距离矢量算法的路由协议，存在着收敛慢、易产生路由环路、可扩展性差等问题，目前已逐渐被OSPF取代。

6.3.1 OSPF 原理

OSPF是一种分层次的路由协议，其层次中最大的实体是AS（自治系统），即遵循

共同路由策略管理下的一部分网络实体。在每个AS中，将网络划分为不同的区域。每个区域都有自己特定的标识号。对于主干（Backbone）区域，负责在区域之间分发链路状态信息。这种分层次的网络结构是根据OSPF的实际提出来的。当网络中自治系统非常大时，网络拓扑数据库的内容就更多，所以如果不分层次的话，一方面容易造成数据库溢出，另一方面当网络中某一链路状态发生变化时，会引起整个网络中每个节点都重新计算一遍自己的路由表，既浪费资源与时间，又会影响路由协议的性能（如聚合速度、稳定性、灵活性等）。因此，需要把自治系统划分为多个域，每个域内部维持本域一张唯一的拓扑结构图，且各域根据自己的拓扑图各自计算路由，域边界路由器把各个域的内部路由总结后在域间扩散。这样，当网络中的某条链路状态发生变化时，此链路所在的域中的每个路由器重新计算本域路由表，而其他域中路由器只需修改其路由表中的相应条目而无须重新计算整个路由表，节省了计算路由表的时间。

OSPF由两个互相关联的主要部分组成：呼叫协议和可靠泛洪机制。呼叫协议检测邻居并维护邻接关系，可靠泛洪算法可以确保统一域中的所有的OSPF路由器始终具有一致的链路状态数据库，而该数据库构成了对域的网络拓扑和链路状态的映射。链路状态数据库中每个条目称为LSA（链路状态通告），共有5种不同类型的LSA，路由器间交换信息时就是交换这些LSA。每个路由器都维护一个用于跟踪网络链路状态的数据库，然后各路由器的路由选择就是基于链路状态，通过Dijkastra算法建立起来最短路径树，用该树跟踪系统中的每个目标的最短路径。最后再通过计算域间路由、自治系统外部路由确定完整的路由表。与此同时，OSPF动态监视网络状态，一旦发生变化则迅速扩散达到对网络拓扑的快速聚合，从而确定出新的网络路由表。

OSPF的设计实现要涉及到指定路由器、备份指定路由器的选举、协议包的接收、发送、泛洪机制、路由表计算等一系列问题。

6.5.2　OSPF 单区域配置

本例中有3台华为路由器，2根双绞线， IP地址规划和接口互联按照拓扑图连接，在eNSP环境下模拟实现，设备的接口编号及IP编址如图6-4所示。

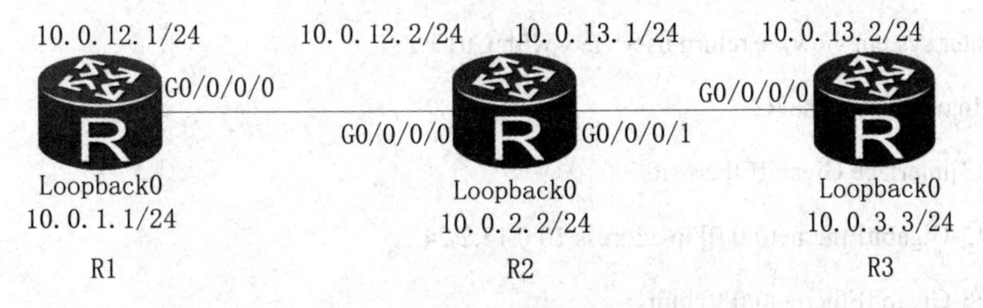

图 6-4　OSPF 单区域配置示例图

其步骤如下。

步骤1：路由器的基础配置和IP编址。在R1、R2和R3上配置设备名称和IP地址。

R1的基本配置：

```
<Huawei>system-view
Enter system view， return user view with Ctrl+Z.
[Huawei]sysname R1
[R1]interface GigabitEthernet0/0/0
[R1-GigabitEthernet0/0/0]ip address 10.0.12.1 24
[R1-GigabitEthernet0/0/0]quit
[R1]interfaceLoopBack 0
[R1-LoopBack0]ip address 10.0.1.1 24
```

R2的基本配置：

```
<Huawei>system-view
Enter system view， return user view with Ctrl+Z.
[Huawei]sysname R2
[R2]interface GigabitEthernet0/0/0
[R2-GigabitEthernet0/0/0]ip address 10.0.12.2 24
[R2-GigabitEthernet0/0/0]quit
[R2]interface GigabitEthernet0/0/1
[R2-GigabitEthernet0/0/1]ip address 10.0.13.1 24
[R2-GigabitEthernet0/0/1]quit
[R2]interfaceLoopBack 0
[R2-LoopBack0]ip address 10.0.2.2 24
```

R3的基本配置：

```
<Huawei>system-view
Enter system view， return user view with Ctrl+Z.
[Huawei] sysname R3
[R3]interface GigabitEthernet0/0/0
[R3-GigabitEthernet0/0/0] ip address 10.0.13.2 24
[R3-GigabitEthernet0/0/0] quit
[R3]interfaceLoopBack 0
```

```
[R3-LoopBack0]ip address 10.0.3.3 24
```

步骤2：配置OSPF基本功能。

R1上配置OSPF：

```
[R1]ospf 1 router-id 10.0.1.1                                 //……进入OSPF
[R1-ospf-1]area 0                                             //……配置区域
[R1-ospf-1-area-0.0.0.0]network 10.0.0.0 0.255.255.255        //……宣告网络
```

R2上配置OSPF：

```
[R2]ospf 1 router-id 10.0.2.2
[R2-ospf-1]area 0
[R2-ospf-1-area-0.0.0.0]network 10.0.0.0 0.255.255.255
```

R3上配置OSPF：

```
[R3]ospf 1 router-id 10.0.3.3
[R3-ospf-1]area 0
[R3-ospf-1-area-0.0.0.0]network 10.0.0.0 0.255.255.255
```

步骤3：测试网络连通性。

```
[R1]ping 10.0.2.2
  PING 10.0.2.2: 56   data bytes，   press CTRL_C to break
    Reply from 10.0.2.2: bytes=56 Sequence=1 ttl=255 time=100 ms
    Reply from 10.0.2.2: bytes=56 Sequence=2 ttl=255 time=30 ms
    Reply from 10.0.2.2: bytes=56 Sequence=3 ttl=255 time=50 ms
    Reply from 10.0.2.2: bytes=56 Sequence=4 ttl=255 time=50 ms
    Reply from 10.0.2.2: bytes=56 Sequence=5 ttl=255 time=20 ms

  --- 10.0.2.2 ping statistics ---
    5 packet（s） transmitted
    5 packet（s） received
    0.00% packet loss
round-trip min/avg/max = 20/50/100 ms
```

```
[R1]ping 10.0.3.3
  PING 10.0.3.3: 56   data bytes，   press CTRL_C to break
```

```
    Reply from 10.0.3.3: bytes=56 Sequence=1 ttl=254 time=60 ms
    Reply from 10.0.3.3: bytes=56 Sequence=2 ttl=254 time=100 ms
    Reply from 10.0.3.3: bytes=56 Sequence=3 ttl=254 time=40 ms
    Reply from 10.0.3.3: bytes=56 Sequence=4 ttl=254 time=60 ms
    Reply from 10.0.3.3: bytes=56 Sequence=5 ttl=254 time=60 ms

  --- 10.0.3.3 ping statistics ---
    5 packet（s） transmitted
    5 packet（s） received
    0.00% packet loss
round-trip min/avg/max = 40/64/100 ms
```

```
[R1] ping 10.0.13.2
  PING 10.0.13.2: 56 data bytes， press CTRL_C to break
    Reply from 10.0.13.2: bytes=56 Sequence=1 ttl=254 time=70 ms
    Reply from 10.0.13.2: bytes=56 Sequence=2 ttl=254 time=40 ms
    Reply from 10.0.13.2: bytes=56 Sequence=3 ttl=254 time=40 ms
    Reply from 10.0.13.2: bytes=56 Sequence=4 ttl=254 time=50 ms
    Reply from 10.0.13.2: bytes=56 Sequence=5 ttl=254 time=40 ms

  --- 10.0.13.2 ping statistics ---
    5 packet（s） transmitted
    5 packet（s） received
    0.00% packet loss
round-trip min/avg/max = 40/48/70 ms
```

查看R1，R2，R3的路由表：

```
[R1]displayospf 1 routing
Routing for Network
Destination      Cost   Type      Next Hop      AdvRouter      Area
10.0.1.1/32      0      Stub      10.0.1.1      10.0.12.1      0.0.0.0
10.0.12.0/24     1      Transit   10.0.12.1     10.0.12.1      0.0.0.0
```

```
10.0.2.2/32      1    Stub      10.0.12.2    10.0.2.2    0.0.0.0
10.0.3.3/32      2    Stub      10.0.12.2    10.0.3.3    0.0.0.0
10.0.13.0/24     2    Transit   10.0.12.2    10.0.2.2    0.0.0.0
 Total Nets: 5
 Intra Area: 5  Inter Area: 0  ASE: 0  NSSA: 0
```

R2、R3和R4的路由表查看方法和R1的方法一样，这里不再一一列举。

6.5.3 OSPF 多区域配置

1. 环境

本例网络中包含3台华为路由器及2台PC；为了能够更直观地观察到实现现象，每台路由器使用x.x.x.x的地址作为OSPF的RouterID，其中x为设备编号，例如R1的RouterID为1.1.1.1，OSPF区域的规划及设备的接口编号及IP编址如图6-5所示。

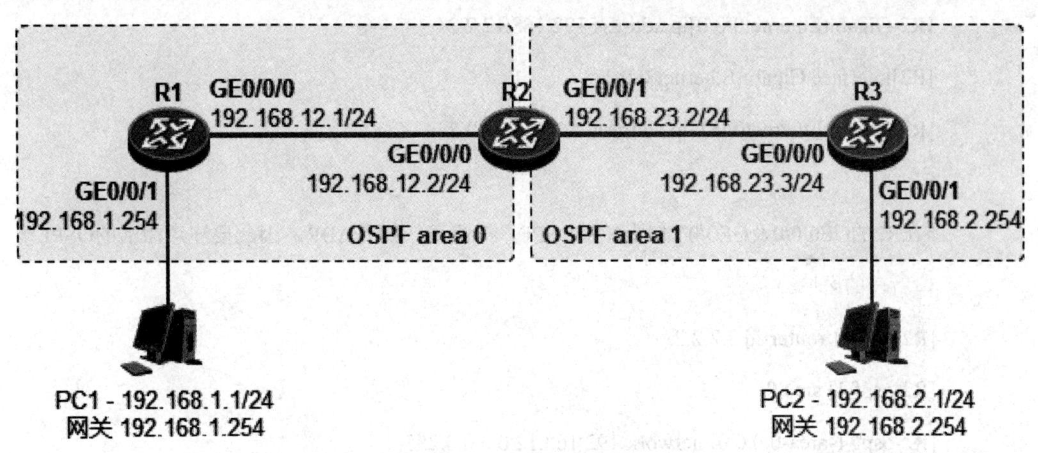

图 6-5 OSPF 多区域配置示例图

2. 需求

（1）完成3台路由器的基础配置，并在路由器上运行OSPF，使得全网路由互通。

（2）完成2台PC的配置。

（3）完成配置后，2台PC要能够互相Ping通。

3. 步骤及配置

R1的配置如下：

```
#完成接口IP的配置
[R1]interface GigabitEthernet 0/0/0
```

```
[R1-GigabitEthernet0/0/0]ip address 192.168.12.1 24
[R1]interface GigabitEthernet 0/0/1
[R1-GigabitEthernet0/0/1]ip address 192.168.1.254 24

#在R1的GE0/0/0及GE0/0/1口上激活OSPF
[R1] ospf 1 router-id 1.1.1.1
[R1-ospf-1] area 0
[R1-ospf-1-area-0.0.0.0] network 192.168.12.0 0.0.0.255
[R1-ospf-1-area-0.0.0.0] network 192.168.1.0 0.0.0.255
```

R2的配置如下：

```
#完成接口IP的配置
[R2]interface GigabitEthernet 0/0/0
[R2-GigabitEthernet0/0/0]ip address 192.168.12.2 24
[R2]interface GigabitEthernet 0/0/1
[R2-GigabitEthernet0/0/1]ip address 192.168.23.2 24

#在R2的GE0/0/0及GE0/0/1口上激活OSPF，需留意，R2是ABR，因此要注意激活的OSPF接
口所在的区域。
[R2] ospf 1 router-id 2.2.2.2
[R2-ospf-1] area 0
[R2-ospf-1-area-0.0.0.0] network 192.168.12.0 0.0.0.255
[R2-ospf-1] area 1
[R2-ospf-1-area-0.0.0.1] network 192.168.23.0 0.0.0.255
```

R3的配置如下：

```
#完成接口IP的配置
[R3]interface GigabitEthernet 0/0/0
[R3-GigabitEthernet0/0/0]ip address 192.168.23.3 24
[R3]interface GigabitEthernet 0/0/1
[R3-GigabitEthernet0/0/1]ip address 192.168.2.254 24
```

```
#在R3的GE0/0/0及GE0/0/1口上激活OSPF
[R3] ospf 1 router-id 3.3.3.3
[R3-ospf-1] area 1
[R3-ospf-1-area-0.0.0.1] network 192.168.2.0 0.0.0.255
[R3-ospf-1-area-0.0.0.1] network 192.168.23.0 0.0.0.255
```

完成配置后，PC1与PC2即可互相ping通。

本章小结

本章主要讲述了路由的基本知识、RIP协议和OSPF协议相关知识。本章知识点如下。

（1）路由信息的生成可以分为三种：直连路由、手工配置、动态生成。

（2）路由基础：自制系统AS、LAN和广播域和路由选路。

（3）路由表的构成：目的地址、网络掩码、输出接口、下一跳IP地址。

（4）路由选择的依据包括目的地址、最长匹配、管理距离和度量值。

（5）静态路由是指由用户手工配置的路由信息，有着一定的优缺点。

（6）动态路由协定有：距离向量算法与连线状态算法。

（7）距离矢量路由协议的特点、RIP协议的工作原理、RIP包括RIPv1和RIPv2两个版本。

（8）解决路由环路的常用方法有水平分割法、毒性反转和触发更新。

（9）OSPF由两个互相关联的主要部分组成：呼叫协议和可靠泛洪机制。

（10）OSPF单区域配置、OSPF多区域配置。

本章习题

1．什么是路由？什么是路由选择？

2．什么是AS？并列举AS在实际中的应用。

3．什么是广播域，路由器隔离广播域的目的是什么？

4．列举RIP与OSPF的区别，并说明企业中使用RIP的弊端。

5．如6-6图所示，简述RIP学习原理。

注：以表格的形式展示路由使用RIP协议学习IP路由原理，并说明第一、二、三次学习，以及学习完成后路由表示中cost值的变化。

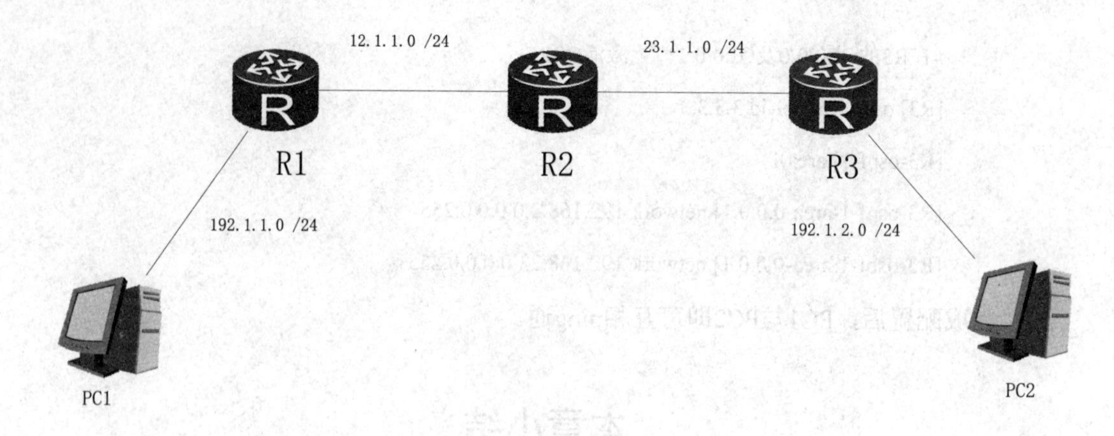

图 6-6　路由原理

6．使用查看路由表命令调出第5题中任意路由器的路由表，简述路由表中各字段含义。

7．简述PC中网关的含义，并说明在什么情况下PC的网关地址可以省略，什么情况下一定不能省略。

8．列出企业网络中不使用RIP的原因，最直接的原因是什么？

9. OSPF中为什么要划分多区域，划分多区域的目的是什么？OSPF中的区域是针对路由器还是针对接口？

10．在ENSP中，画出RIP解决环路三种方法的简易拓扑图，并用文字说明。

11．如6-7图所示，搭建静态路由配置实验。

实现完成后实现：PC到任意路由器都可PING通；路由器之间都可任意PING通。

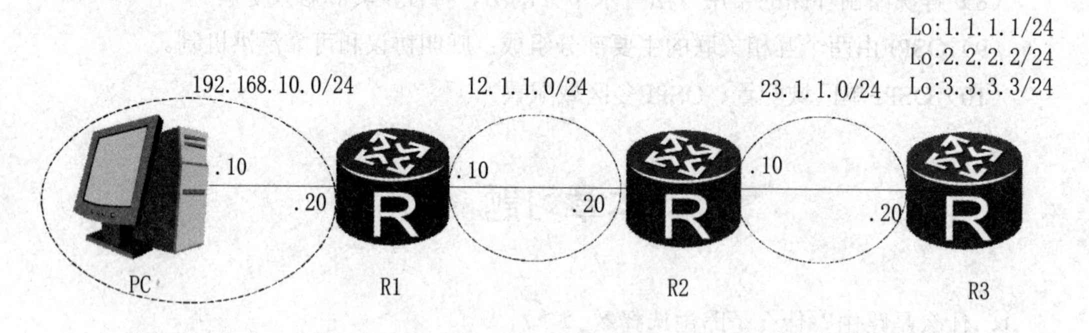

图 6-7　静态路由配置实验

12．路由汇总实验，根据图6-8搭建网络拓扑，在AR9路由器上向192.168.10.1和192.168.60.1 PING时：

（1）会发生什么现象？产生这种问题的原因是什么？

（2）解决该问题的方法又是什么？

（3）如果将运行的路由协议更换为OSPF是否会出现这情况？为什么？

RIP路由汇总实验

Lo 0:192.168.10.1/24
Lo 1:192.168.20.1/24
Lo 2:192.168.30.1/24
Lo 3:1.1.1.1/24

12.1.1.0/24

23.1.1.0/24

Lo 0:192.168.60.1/24
Lo 1:192.168.70.1/24
Lo 2:192.168.80.1/24
Lo 3:3.3.3.3/24

R1

R2

R3

LO 0:2.2.2.2/32

图 6-8 路由汇总实验

第 7 章　VLAN 原理及配置

【本章导读】

虚拟局域网（Virtual Local Area Network ，简称 VLAN）是一组逻辑上的设备和用户，这些设备和用户并不受物理位置的限制，可以根据功能、部门及应用等因素将它们组织起来，相互之间的通信就好像它们在同一个网段中一样，由此得名虚拟局域网。VLAN 是一种比较新的技术，工作在 OSI 参考模型的第 2 层和第 3 层，一个 VLAN 就是一个广播域，VLAN 之间的通信是通过第 3 层的路由器来完成的。与传统的局域网技术相比较，VLAN 技术更加灵活，它具有以下优点：网络设备的移动、添加和修改的管理开销减少；可以控制广播活动；可以提高网络的安全性。

在计算机网络中，一个二层网络可以被划分为多个不同的广播域，一个广播域对应了一个特定的用户组，默认情况下这些不同的广播域是相互隔离的。不同的广播域之间想要通信，需要通过一个或多个路由器。这样的一个广播域就称为 VLAN。

【本章学习目标】

- 了解 VLAN 的基本知识
- 掌握基于端口的 VLAN
- 掌握 VLAN 的基本配置

7.1　VLAN 的基本知识

7.1.1　VLAN 概述

传统的以太网是广播型网络，网络中的所有主机通过HUB或交换机相连，处在同一个广播域中。

HUB和交换机作为网络连接的基本设备，在转发功能方面有一定的局限性：HUB是物理层设备，没有交换功能，接收到的报文会向除接收端口外的所有端口转发；交换机是数据链路层设备，具备根据报文的目的MAC地址进行转发的能力，但在收到广播报文或未知单播报文（报文的目的MAC地址不在交换机MAC地址表中）时，也会向除接

收端口之外的所有端口转发。上述情况会造成以下的网络问题：

（1）网络中可能存在着大量广播和未知单播报文，浪费网络资源。

（2）网络中的主机收到大量并非以自身为目的地的报文，从而造成了严重的安全隐患。

解决以上网络问题的根本方法就是隔离广播域。传统的方法是使用路由器，因为路由器是依据目的IP地址对报文进行转发，不会转发链路层的广播报文。但是路由器的成本较高，而且端口较少，无法细致地划分网络，所以使用路由器隔离广播域有很大的局限性。

为限制广播域的范围，减少广播流量，需要在没有二层互访需求的主机之间进行隔离。路由器是基于三层IP地址信息来选择路由和转发数据的，其连接两个网段时可以有效抑制广播报文的转发，但成本较高，为了解决以太网交换机在局域网中无法限制广播的问题，VLAN（虚拟局域网，Virtual Local Area Network）技术应运而生。

VLAN是将一个物理的局域网在逻辑上划分成多个广播域的技术。通过在交换机上配置VLAN，可以实现在同一个VLAN内的用户可以进行二层互访，而不同VLAN间的用户被二层隔离。这样既能够隔离广播域，又能够提升网络的安全性。

VLAN的组成不受物理位置的限制，因此同一VLAN内的主机也无须放置在同一物理空间里。

如图7-1所示，VLAN把一个物理上的LAN划分成多个逻辑上的LAN，每个VLAN是一个广播域。VLAN内的主机间通过传统的以太网通信方式即可进行报文的交互，而处在不同VLAN内的主机之间如果需要通信，则必须通过路由器或三层交换机等网络层设备才能够实现。

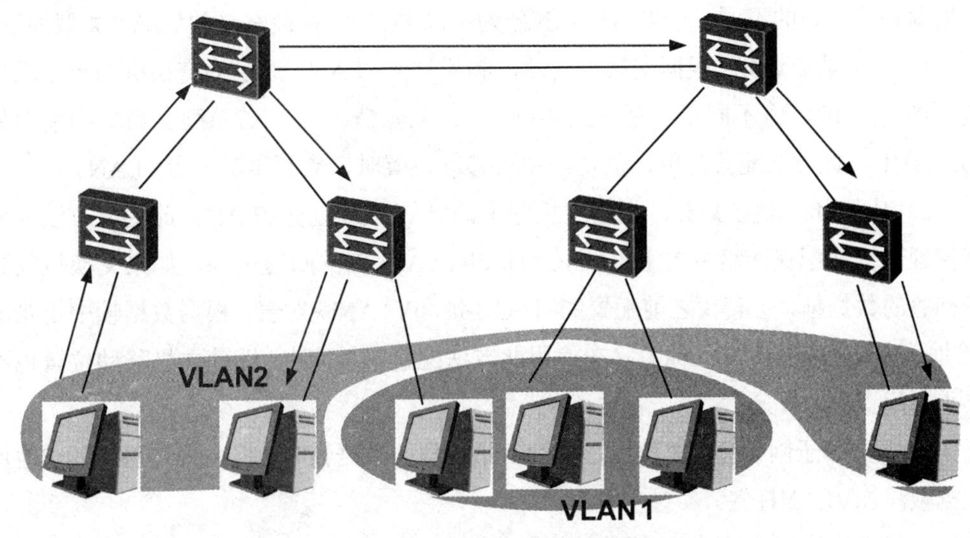

图 7-1　VLAN 组网示意图

7.1.2 VLAN的优点

与传统以太网相比，VLAN具有如下的优点。

（1）控制广播域的范围：局域网内的广播报文被限制在一个VLAN内，节省了带宽，提高了网络处理能力。

（2）增强了LAN的安全性：由于报文在数据链路层被VLAN划分的广播域所隔离，因此各个VLAN内的主机间不能直接通信，需要通过路由器或三层交换机等网络层设备对报文进行三层转发。

（3）灵活创建虚拟工作组：使用VLAN可以创建跨物理网络范围的虚拟工作组，当用户的物理位置在虚拟工作组范围内移动时，不需要更改网络配置即可以正常访问网络。

7.1.3 VLAN 接口

不同VLAN间的主机不能直接通信，需要通过路由器或三层交换机等网络层设备进行转发，华为以太网交换机支持通过配置VLAN接口实现对报文进行三层转发的功能。

VLAN接口是一种三层模式下的虚拟接口，主要用于实现VLAN间的三层互通，它不作为物理实体存在于交换机上。每个VLAN对应一个VLAN接口，该接口可以为本VLAN内端口收到的报文根据其目的IP地址在网络层进行转发。通常情况下，由于VLAN能够隔离广播域，因此每个VLAN也对应一个IP网段，VLAN接口将作为该网段的网关对需要跨网段转发的报文进行基于IP 地址的三层转发。

7.1.4 VLAN 类型

根据划分方式的不同，可以将VLAN分为不同类型，5种最常见的VLAN类型如下。

（1）基于端口划分：根据交换机的端口编号划分VLAN。通过为交换机的每个端口配置不同的PVID，将不同端口划分到VLAN中。初始情况下，X7系列交换机的端口处于VLAN1中。此方法配置简单，但是当主机移动位置时，需要重新配置VLAN。

（2）基于MAC地址划分：根据主机网卡的MAC地址划分VLAN。此划分方法需要网络管理员提前配置网络中的主机MAC地址和VLAN ID的映射关系。如果交换机收到不带标签的数据帧，会查找之前配置的MAC地址和VLAN映射表，根据数据帧中携带的MAC地址添加相应的VLAN标签。在使用此方法配置VLAN时，即使主机移动位置也不需要重新配置VLAN。

（3）基于IP子网划分：交换机在收到不带标签的数据帧时，根据报文携带的IP地址给数据帧添加VLAN标签。

（4）基于协议划分：根据数据帧的协议类型（或协议族类型）、封装格式来分配VLAN

ID。网络管理员需要首先配置协议类型和VLAN ID之间的映射关系。

（5）基于策略划分：使用几个条件的组合来分配VLAN标签。这些条件包括IP子网、端口和IP地址等。只有当所有条件都匹配时，交换机才为数据帧添加VLAN标签。另外，针对每一条策略都是需要手工配置的。

7.2 基于端口的 VLAN

基于端口的VLAN是最简单的一种 VLAN 划分方法。用户可以将设备上的端口划分到不同的VLAN中，此后从某个端口接收的报文将只能在相应的 VLAN 内进行传输，从而实现广播域的隔离和虚拟工作组的划分。

以太网交换机的端口链路类型可以分为三种：Access、Trunk、Hybrid。这三种端口在加入VLAN和对报文进行转发时会进行不同的处理。基于端口的VLAN 具有实现简单，易于管理的优点，适用于连接位置比较固定的用户。

7.2.1 链路类型

VLAN链路分为两种类型：Access链路和Trunk链路。

接入链路（Access Link）：连接用户主机和交换机的链路称为接入链路。如图7-2所示，图中主机和交换机之间的链路都是接入链路。

干道链路（Trunk Link）：连接交换机和交换机的链路称为干道链路。如图7-2所示，图中交换机之间的链路都是干道链路。干道链路上通过的帧一般为带Tag的VLAN帧。

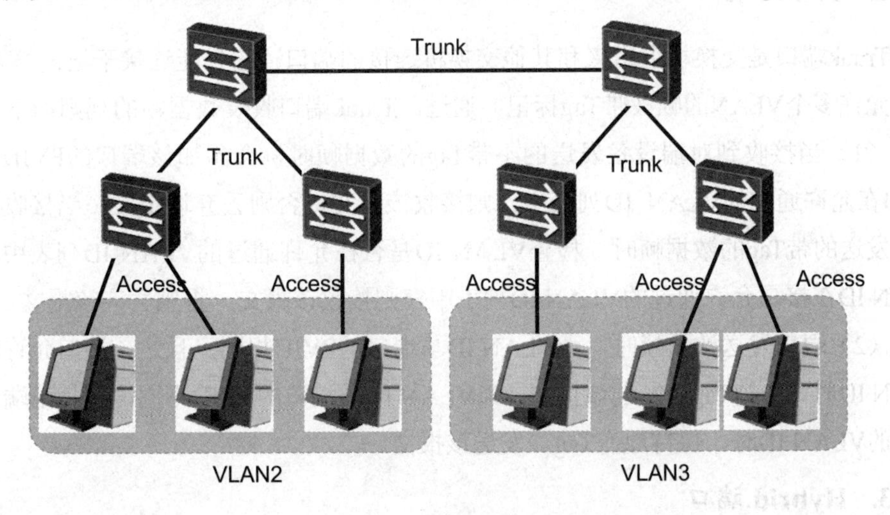

图 7-2 链路类型

7.2.2 以太网端口的缺省 VLAN ID

PVID即Port VLAN ID，代表端口的缺省VLAN。交换机从对端设备收到的帧有可能是Untagged的数据帧，但所有以太网帧在交换机中都是以Tagged的形式来被处理和转发的，因此交换机必须给端口收到的Untagged数据帧添加上Tag。为了实现此目的，必须为交换机配置端口的缺省VLAN。当该端口收到Untagged数据帧时，交换机将给它加上该缺省VLAN的VLAN Tag。

Access端口只能属于1个VLAN，所以它的缺省VLAN就是它所在的VLAN，不用设置；Hybrid端口和Trunk端口可以属于多个VLAN，所以需要设置端口的缺省VLAN ID。

7.2.3 交换机接口出入数据处理过程

1. Access 端口

Access端口是交换机上用来连接用户主机的端口，它只能连接接入链路，并且只能允许唯一的VLAN ID通过本端口。Access端口收发数据帧的规则如下。

（1）如果该端口收到对端设备发送的帧是untagged（不带VLAN标签），交换机将强制加上该端口的PVID。如果该端口收到对端设备发送的帧是tagged（带VLAN标签），交换机会检查该标签内的VLAN ID。当VLAN ID与该端口的PVID相同时，接收该报文。当VLAN ID与该端口的PVID不同时，丢弃该报文。

（2）Access端口发送数据帧时，总是先剥离帧的Tag，然后再发送。Access端口发往对端设备的以太网帧永远是不带标签的帧。

2. Trunk 端口

Trunk端口是交换机上用来和其他交换机连接的端口，它只能连接干道链路。Trunk端口允许多个VLAN的帧（带Tag标记）通过。Trunk端口收发数据帧的规则如下。

（1）当接收到对端设备发送的不带Tag的数据帧时，会添加该端口的PVID，如果PVID在允许通过的VLAN ID列表中，则接收该报文，否则丢弃该报文。当接收到对端设备发送的带Tag的数据帧时，检查VLAN ID是否在允许通过的VLAN ID列表中。如果VLAN ID在接口允许通过的VLAN ID列表中，则接收该报文。否则丢弃该报文。

（2）端口发送数据帧时，当VLAN ID与端口的PVID相同，且是该端口允许通过的VLAN ID时，去掉Tag，发送该报文。当VLAN ID与端口的PVID不同，且是该端口允许通过的VLAN ID时，保持原有Tag，发送该报文。

3. Hybrid 端口

Hybrid端口是交换机上既可以连接用户主机，又可以连接其他交换机的端口。Hybrid

端口既可以连接接入链路又可以连接干道链路。Hybrid端口允许多个VLAN的帧通过，并可以在出端口方向将某些VLAN帧的Tag剥掉。华为设备默认的端口类型是Hybrid。Hybrid端口收发数据帧的规则如下。

（1）当接收到对端设备发送的不带Tag的数据帧时，会添加该端口的PVID，如果PVID在允许通过的VLAN ID列表中，则接收该报文，否则丢弃该报文。当接收到对端设备发送的带Tag的数据帧时，检查VLAN ID是否在允许通过的VLAN ID列表中。如果VLAN ID在接口允许通过的VLAN ID列表中，则接收该报文，否则丢弃该报文。

（2）Hybrid端口发送数据帧时，将检查该接口是否允许该VLAN数据帧通过。如果允许通过，则可以通过命令配置发送时是否携带Tag。

配置port hybrid taggedvlanvlan-id命令后，接口发送该vlan-id的数据帧时，不剥离帧中的VLAN Tag，直接发送。该命令一般配置在连接交换机的端口上。

配置port hybrid untagged vlan vlan-id命令后，接口在发送vlan-id的数据帧时，会将帧中的VLAN Tag剥离掉再发送出去。该命令一般配置在连接主机的端口上。

7.3　VLAN配置

7.3.1　VLAN 配置基础

1. 划分 VLAN

在交换机上划分VLAN时，需要首先创建VLAN。在交换机上执行vlan＜vlan-id＞命令，创建VLAN。VLAN ID的取值范围是1到4094。如需创建多个VLAN，可以在交换机上执行vlan batch{vlan-id1 [tovlan-id2]}命令，以创建多个连续的VLAN。也可以执行vlanbatch{vlan-id1 vlan-id2}命令，创建多个不连续的VLAN，VLAN号之间需要有空格。

2. 验证配置结果

创建VLAN后，可以执行display vlan命令验证配置结果。如果不指定任何参数，则该命令将显示所有VLAN的简要信息。

display vlan[vlan-id [verbose]]命令：查看指定VLAN的详细信息，包括VLAN ID、类型、描述、VLAN的状态、VLAN中的端口、以及VLAN中端口的模式等。

display vlan vlan-id statistics命令：查看指定VLAN中的流量统计信息。

display vlan summary命令：查看系统中所有VLAN的汇总信息。

3. 配置端口类型

华为X7系列交换机上，默认的端口类型是hybrid。

配置端口类型的命令是port link-type＜type＞，type可以配置为Access，Trunk或Hybrid。需要注意的是，如果查看端口配置时没有发现端口类型信息，说明端口使用了默认的hybrid端口链路类型。当修改端口类型时，必须先恢复端口的默认VLAN配置，使端口属于缺省的VLAN 1。

4. 添加端口到VLAN

可以使用以下两种方法把端口加入到VLAN。

第一种方法是进入到VLAN视图，执行port＜interface＞命令，把端口加入VLAN。

第二种方法是进入到接口视图，执行port default＜vlan-id＞命令，把端口加入VLAN。vlan-id是指端口要加入的VLAN。

5. 配置Trunk端口

配置Trunk时，应先使用port link-type trunk命令修改端口的类型为Trunk，然后再配置Trunk端口允许哪些VLAN的数据帧通过。port trunk allow-pass vlan{{vlan-id1 [tovlan-id2]}|all}命令：配置端口允许的VLAN，all表示允许所有VLAN的数据帧通过。

port trunk pvidvlan vlan-id命令：修改Trunk端口的PVID。修改Trunk端口的PVID之后，需要注意：缺省VLAN不一定是端口允许通过的VLAN。只有使用命令port trunk allow-pass vlan{{vlan-id1 [tovlan-id2]}|all}允许缺省VLAN数据通过，才能转发缺省VLAN的数据帧。交换机的所有端口默认允许VLAN1的数据通过。

6. 配置hybrid端口

port link-type hybrid命令的作用是将端口的类型配置为Hybrid。默认情况下，X7系列交换机的端口类型是Hybrid。因此，只有在把Access口或Trunk口配置成Hybrid时，才需要执行此命令。

port hybrid tagged vlan{{vlan-id1 [tovlan-id2]}| all}命令用来配置允许哪些VLAN的数据帧以Tagged方式通过该端口。

port hybrid untagged vlan{{vlan-id1 [tovlan-id2]}| all }命令用来配置允许哪些VLAN的数据帧以Untagged方式通过该端口。

7. 配置语音

随着IP网络的融合，TCP/IP网络可以为高速上网HSI（High Speed Internet）业务、VoIP（Voice over IP）业务、IPTV（Internet Protocol Television）业务提供服务。

语音数据在传输时需要具有比其他业务数据更高的优先级，以减少传输过程中可能

产生的时延和丢包现象。为了区分语音数据流，可在交换机上部署Voice VLAN功能，把VoIP的电话流量进行VLAN隔离，并配置更高的优先级，从而能够保证通话质量。

执行voice-vlan＜vlan-id＞enable命令，可以把VLAN 2到VLAN 4094之间的任一VLAN配置成语音VLAN。

执行voice-vlan mode ＜mode＞命令，可以配置端口加入语音VLAN的模式。

端口加入Voice VLAN的模式有以下两种。

（1）自动模式：使能Voice VLAN功能的端口根据进入端口的数据流中的源MAC地址字段来判断该数据流是否为语音数据流。源MAC地址符合系统设置的语音设备OUI（Organizationally Unique Identifier）地址的报文认为是语音数据流。接收到语音数据流的端口将自动加入Voice VLAN中传输，并通过老化机制维护Voice VLAN内的端口数量。

（2）手动模式：当接口使能Voice VLAN功能后，必须通过手工将连接语音设备的端口加入或退出Voice VLAN中，这样才能保证Voice VLAN功能生效。

执行voice-vlan mac-addressmac-address maskoui-mask [descriptiontext]命令，用来配置Voice VLAN的OUI地址。OUI地址表示一个MAC地址段。交换机将48位的MAC地址和掩码的对应位做“与”运算可以确定出OUI地址。接入设备的MAC地址和OUI地址匹配的位数，由掩码中全“1”的长度决定。例如，MAC地址为0001–0001–0001，掩码为FFFF-FF00–0000，那么将MAC地址与其相应掩码位执行“与”运算的结果就是OUI地址0001–0000–0000。只要接入设备的MAC地址前24位和OUI地址的前24位匹配，那么使能Voice VLAN功能的端口将认为此数据流是语音数据流，接入的设备是语音设备。

7.3.2　通过子接口实现 VLAN 间的互访

1. 拓扑及描述

本例中有1台华为路由器，一台交换机，2台PC，3根双绞线，设备之间按照拓扑图互联，设备的接口编号及IP编址如图7-3所示。

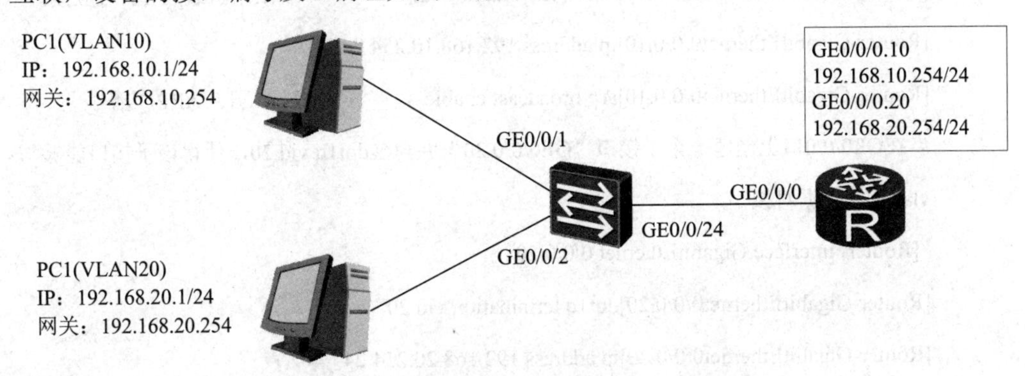

图 7-3　通过子接口实现 VLAN 间的互访示例图

2. 实例需求

（1）PC1属于VLAN10；PC2属于VLAN20。

（2）路由器通过配置子接口分别响应VLAN10及VLAN20的数据访问请求。

（3）最终PC1及PC2能够相互ping通。

3. 步骤及配置

在交换机上创建vlan10及vlan20，并将接口加入相应的VLAN：

```
[SW] vlan batch 10 20                                              //……创建VLAN
[SW] interface gigabitEthernet0/0/1
[SW-gigabitEthernet0/0/1] port link-type access                    //……修改接口类型
[SW-gigabitEthernet0/0/1] port default vlan 10                     //……将接口加入VLAN
[SW] interface gigabitEthernet0/0/2
[SW-gigabitEthernet0/0/2] port link-type access
[SW-gigabitEthernet0/0/2] port default vlan 20
[SW] interface GigabitEthernet0/0/24
[SW-gigabitEthernet0/0/24] port link-type trunk
[SW-gigabitEthernet0/0/24] port trunk allow-pass vlan 10 20      //……允许VLAN信息通过
```

注意在上述配置中，由GE0/0/24口需要承载VLAN10及VLAN20的二层流量，因此需配置为Trunk模式，并且要放行两个VLAN的流量。

路由器的配置如下：

```
# 在GE0/0/0口上创建一个子接口“GE0/0/0.10”并封装dot1q vid 10，使得该子接口能够与vlan10的数据对接
[Router] interface GigabitEthernet 0/0/0.10
[Router-GigabitEthernet0/0/0.10]dot1q termination vid 10          //……封装VALN对应接口
[Router-GigabitEthernet0/0/0.10]ip address 192.168.10.254 24
[Router-GigabitEthernet0/0/0.10]arp broadcast enable              //……开启ARP广播
# 在GE0/0/0口上创建一个子接口“GE0/0/0.20”并封装dot1q vid 20，使得该子接口能够与vlan20的数据对接
 [Router] interface GigabitEthernet 0/0/0.20
[Router-GigabitEthernet0/0/0.20]dot1q termination vid 20
[Router-GigabitEthernet0/0/0.20]ip address 192.168.20.254 24
[Router-GigabitEthernet0/0/0.20]arp broadcast enable
```

完成上述配置后，VLAN10及VLAN20的用户就能互相访问了，也就是PC1与PC2之间便能够相互ping通，我们来查看一下：

查看路由器上的配置：

```
[Router]display ip interface brief
*down: administratively down
^down: standby
（l）: loopback
（s）: spoofing

Interface                 IP Address/Mask      Physical    Protocol
GigabitEthernet0/0/0      unassigned           up          down
GigabitEthernet0/0/0.10   192.168.10.254/24    up          up
GigabitEthernet0/0/0.20   192.168.20.254/24    up          up
GigabitEthernet0/0/1      unassigned           down        down
NULL0                     unassigned           up          up（s）
```

7.3.3　通过 VLAN 接口实现 VLAN 间的互访

1. 拓扑及描述

本例中有1台华为交换机，2台PC，2根双绞线，设备之间按照拓扑图互联，设备的接口编号及IP编址如图7-4所示。

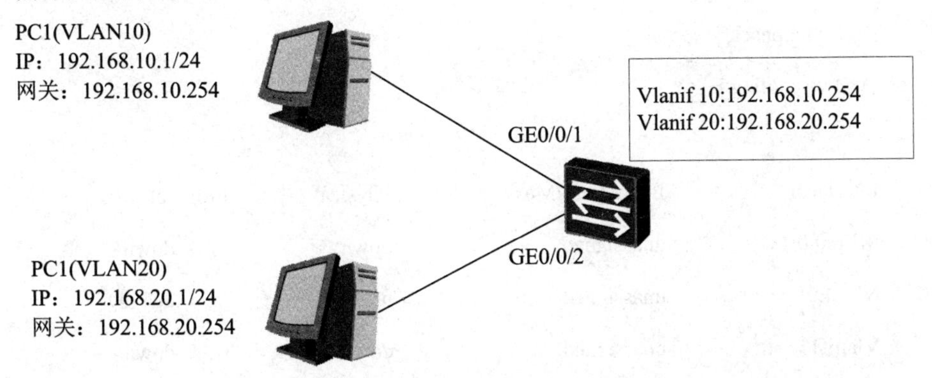

图 7-4　通过 VLAN 接口实现 VLAN 间的互访示例图

2. 实例需求

（1）PC1属于VLAN10；PC2属于VLAN20。

（2）在交换机上配置VLAN10及VLAN20的VLAN接口（vlanif），作为VLAN10及VLAN20用户的网关，使得PC1及PC2能够相互ping通。

3. 实验步骤及配置

交换机的配置如下：

```
[SW] vlan batch 10 20
[SW] interface gigabitEthernet0/0/1
[SW-GigabitEthernet0/0/1] port link-type access
[SW-GigabitEthernet0/0/1] port default vlan 10
[SW] interface gigabitEthernet0/0/2
[SW-GigabitEthernet0/0/2] port link-type access
[SW-GigabitEthernet0/0/2] port default vlan 20
# 配置vlanif 10及vlanif 20，这两个vlanif接口将分别作为vlan10及vlan20用户的网关
[SW] interface Vlanif 10                    //……进入VLANIF
[SW-vlanif10] ip address 192.168.10.254 24
[SW ]interface Vlanif20
[SW-vlanif20] ip address 192.168.20.254 24
```

查看交换机配置：

```
[Quidway]display ip interface brief
*down: administratively down
^down: standby
（l）: loopback
（s）: spoofing

Interface       IP Address/Mask        Physical     Protocol
MEth0/0/1       unassigned             down         down
NULL0           unassigned             up           up（s）
Vlanif1         unassigned             down         down
Vlanif10        192.168.10.254/24      up           up
Vlanif20        192.168.20.254/24      up           up
```

现在PC1与PC2即可互相访问了。

7.3.4　VLAN 间路由

1. 拓扑及描述

本例中有1台华为交换机，1台路由器，2台PC，3根双绞线，设备之间按照拓扑图互联，设备的接口编号及IP编址如图7-5所示。

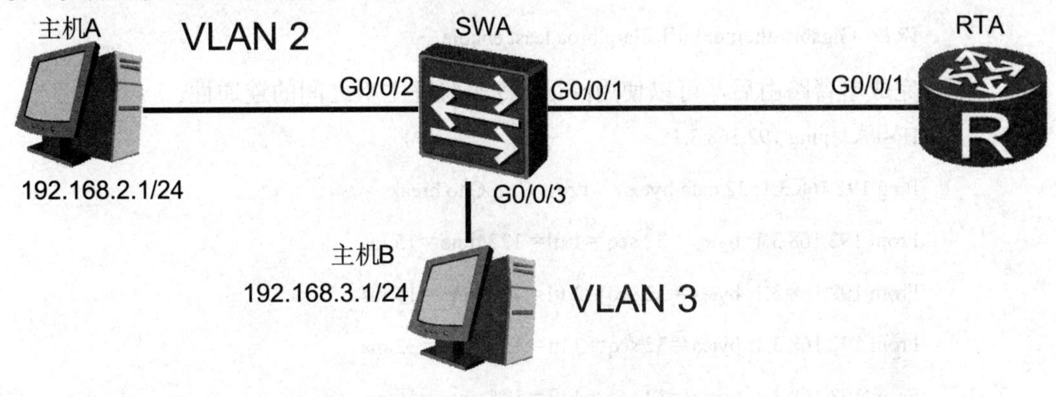

图 7-5　VLAN 间路由

2. 实例需求

（1）主机A属于VLAN2；主机B属于VLAN3。

（2）在交换机上配置VLAN2及VLAN3。

（3）借助路由器，通过配置单臂路由实现主机A与主机B之间跨VLAN通信需求，使得主机A及主机B能够相互ping通。

3. 实验步骤及配置

在交换机SWA上创建VLAN，配置接口类型，并把对应的端口加入，配置如下：

```
[SWA] vlan batch 2 3
[SWA-GigabitEthernet0/0/1] port link-type trunk
[SWA-GigabitEthernet0/0/1] port trunk allow-pass vlan 2 3          //……允许VALN信息通过
[SWA-GigabitEthernet0/0/2] port link-type access
[SWA-GigabitEthernet0/0/2] port default vlan 2                     //……加入VALN
[SWA-GigabitEthernet0/0/3] port link-type access
[SWA-GigabitEthernet0/0/3] port default vlan 3
```

在RTA上配置单臂路由，使得主机A和主机B能够联通，配置如下：

```
[RTA] interface GigabitEthernet0/0/1.1
[RTA-GigabitEthernet0/0/1.1]dot1q termination vid 2                //……封装VALN对应接口
```

```
[RTA-GigabitEthernet0/0/1.1]ip address 192.168.2.254 24
[RTA-GigabitEthernet0/0/1.1]arp broadcast enable                    //……开启ARP广播
[RTA] interface GigabitEthernet0/0/1.2
[RTA-GigabitEthernet0/0/1.2]dot1q termination vid 3
[RTA-GigabitEthernet0/0/1.2]ip address 192.168.3.254 24
[RTA-GigabitEthernet0/0/1.2]arp broadcast enable
```

配置完成单臂路由后，可以使用ping命令来验证主机之间的连通性。

```
Host A＞ping 192.168.3.1
Ping 192.168.3.1: 32 data bytes，  Press Ctrl_C to break
From 192.168.3.1: bytes＝32 seq＝1 ttl＝127 time＝15 ms
From 192.168.3.1: bytes＝32 seq＝2 ttl＝127 time＝15 ms
From 192.168.3.1: bytes＝32 seq＝3 ttl＝127 time＝32 ms
From 192.168.3.1: bytes＝32 seq＝4 ttl＝127 time＝16 ms
From 192.168.3.1: bytes＝32 seq＝5 ttl＝127 time＝31 ms
--- 192.168.3.1 ping statistics ---
  5 packet（s） transmitted
  5 packet（s） received
  0.00% packet loss
round-trip min/avg/max ＝ 15/21/32 ms
```

通过验证，主机A和主机B能够联通。

7.3.5 配置三层交换

1. 拓扑及描述

本例中有1台华为交换机，2台PC，2根双绞线，设备之间按照拓扑图互联，设备的接口编号及IP编址如图7-6所示。

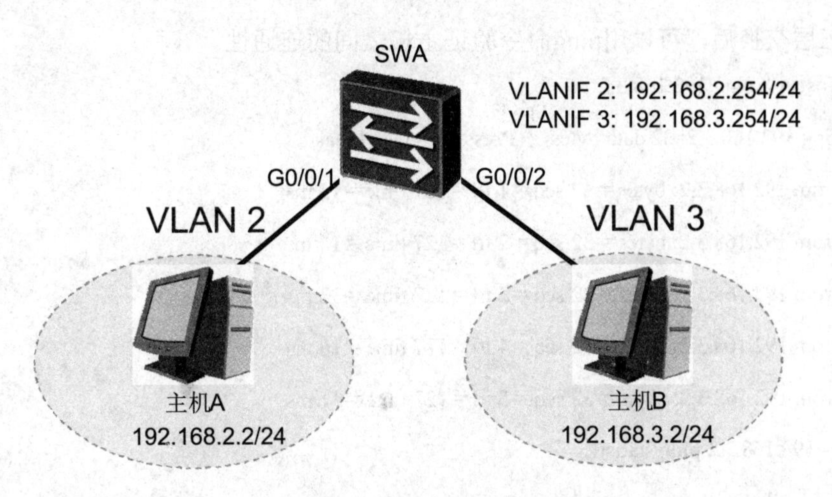

图7-6 配置三层交换示例

2. 需求

（1）主机A属于VLAN2；主机B属于VLAN3。

（2）在交换机上配置VLAN2及VLAN3，在交换机上配置VLAN2及VLAN3的VLAN接口（vlanif），作为VLAN2及VLAN3用户的网关，使得主机A和主机B能够相互ping通。

3. 实验步骤及配置

在三层交换机上配置VLAN路由时，首先创建VLAN，并将端口加入到VLAN中。

```
[SWA] vlan batch 2 3
[SWA-GigabitEthernet0/0/1] port link-type access
[SWA-GigabitEthernet0/0/1] port default vlan 2
[SWA-GigabitEthernet0/0/2] port link-type access
[SWA-GigabitEthernet0/0/2] port default vlan 3
```

用interface vlanifvlan-id命令用来创建VLANIF接口并进入到VLANIF接口视图。vlan-id表示与VLANIF接口相关联的VLAN编号。VLANIF接口的IP地址作为主机的网关IP地址，和主机的IP地址必须位于同一网段。

```
[SWA] interface vlanif 2
[SWA-Vlanif2] ip address 192.168.2.254 24
[SWA-Vlanif2] quit
[SWA] interface vlanif 3
[SWA-Vlanif3] ip address 192.168.3.254 24
[SWA-Vlanif3] quit
```

配置三层交换后，可以用ping命令验证主机之间的连通性。

```
Host A＞ping 192.168.3.2
Ping 192.168.3.2: 32 data bytes， Press Ctrl_C to break
From 192.168.3.2: bytes＝32 seq＝1 ttl＝127 time＝15 ms
From 192.168.3.2: bytes＝32 seq＝2 ttl＝127 time＝15 ms
From 192.168.3.2: bytes＝32 seq＝3 ttl＝127 time＝32 ms
From 192.168.3.2: bytes＝32 seq＝4 ttl＝127 time＝16 ms
From 192.168.3.2: bytes＝32 seq＝5 ttl＝127 time＝31 ms
--- 192.168.3.2 ping statistics ---
  5 packet（s） transmitted
  5 packet（s） received
  0.00% packet loss
round-trip min/avg/max ＝ 15/21/32 ms
```

如上所示，VLAN2中的主机A（IP地址：192.168.2.2）可以Ping通VLAN 3中的主机B（IP地址：192.168.3.2）。

本章小结

本章主要讲述了VLAN的基本知识、基于端口的VLAN和VLAN的基本配置等相关知识。本章知识点如下。

（1）VLAN是将一个物理的局域网在逻辑上划分成多个广播域的技术。通过在交换机上配置VLAN，可以实现在同一个VLAN内的用户可以进行二层互访，而不同VLAN间的用户被二层隔离。这样既能够隔离广播域，又能够提升网络的安全性。

（2）VLAN的组成不受物理位置的限制，因此同一VLAN内的主机也无须放置在同一物理空间里。

（3）VLAN的优点：控制广播域的范围、增强了LAN的安全性、灵活创建虚拟工作组。

（4）VLAN接口是一种三层模式下的虚拟接口，主要用于实现VLAN间的三层互通，它不作为物理实体存在于交换机上。

（5）五种最常见的VLAN类型：基于端口划分、基于MAC地址划分、基于IP子网划分、基于协议划分和基于策略划分。

（6）VLAN链路分为两种类型：Access链路和Trunk链路。

（7）交换机接口出入数据处理过程：Access端口、Trunk端口和Hybrid端口。

（8）VLAN配置基础：划分VLAN、验证配置结果、配置端口类型、添加端口到VLAN、配置Trunk端口、配置hybrid端口、配置语音。

（9）通过子接口实现VLAN间的互访、VLAN间路由、配置三层交换。

本章习题

1．简述什么是VLAN，在企业网络应用中的广度和深度

2．简述什么是二层交换、什么是三层交换？二者本质性的区别又是什么？

3．VLAN的优点有哪些？VLAN的类型有哪些？

4．交换机端口的类型有哪些？

5．简述端口加入Voice VLAN的两种模式。

6．搭建如图7-7所示的网络，并将下列两台PC划分到不同VLAN中。

注：在交换网络中PC的网关可省略，IP地址任意。

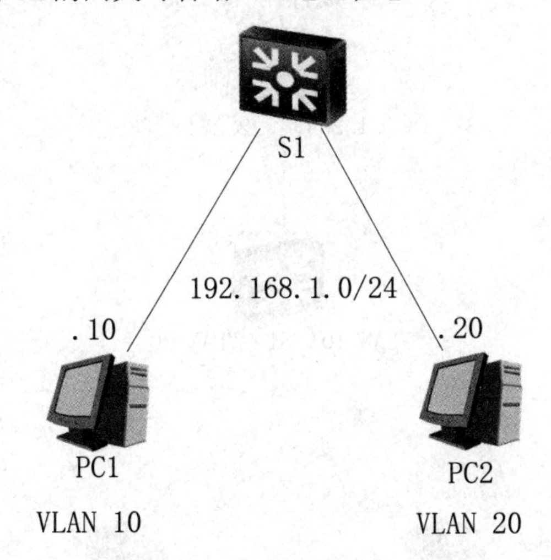

图 7-7　搭建网络

7．根据7-8图中标示，进行VLAN的划分，完成后通过PING命令测试其连通情况。

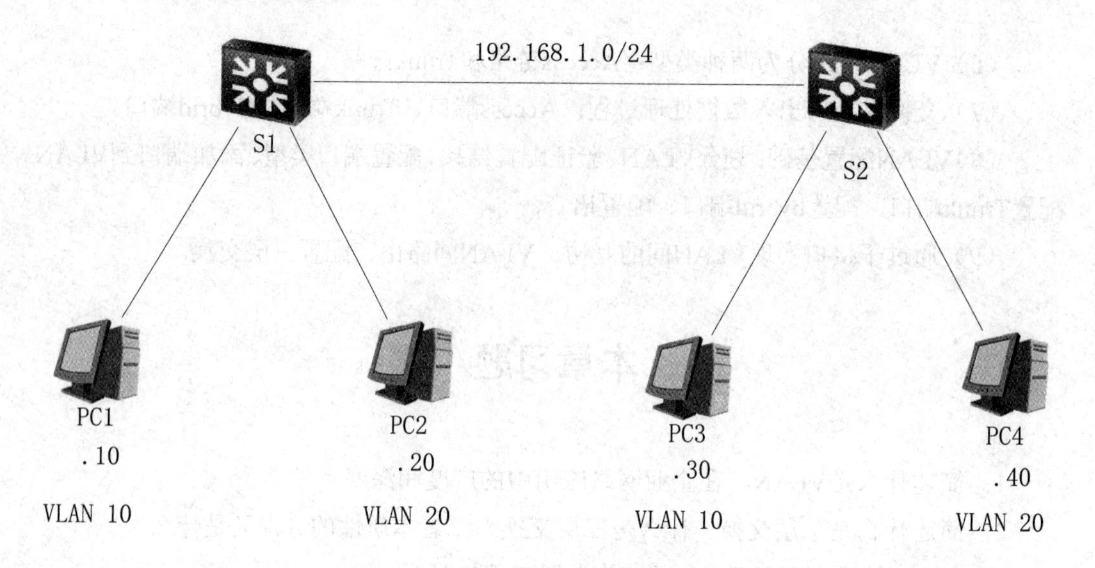

图 7-8 VLAN 的划分

8．单臂路由的配置。

（1）如图7-9所示，实现路由器的配置。

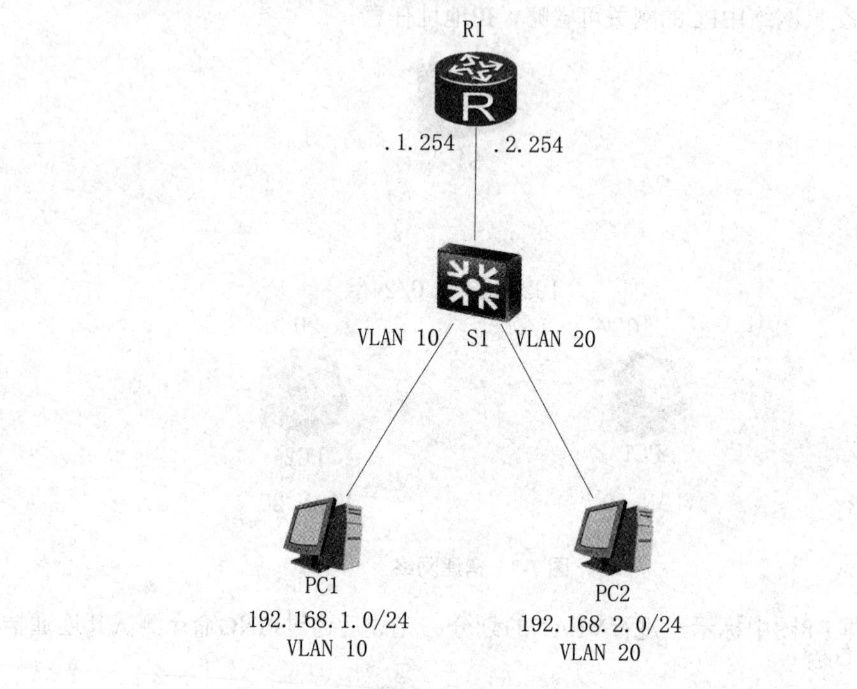

图 7-9 路由器实现

（2）如图7-10所示，实现三层交换机的配置。

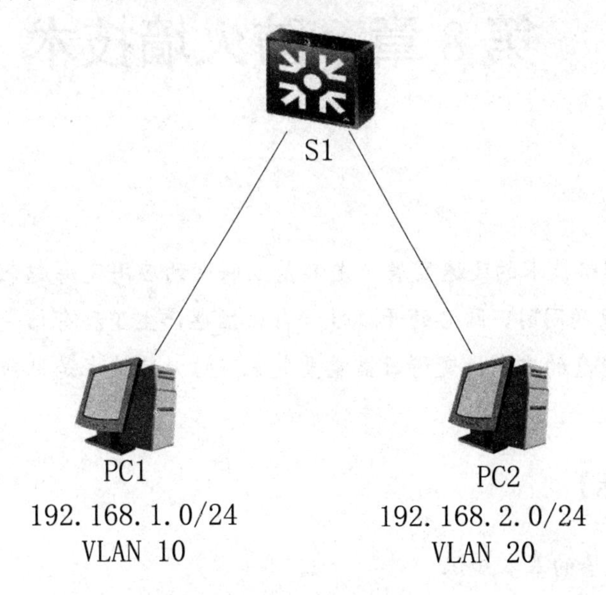

图 7-10　三层交换机实现

第 8 章　防火墙技术

【本章导读】

随着计算机网络技术的飞速发展，尤其是互联网的应用变得越来越广泛，在带来了前所未有的海量信息的同时，网络的开放性和自由性也产生了私有信息和数据被破坏或侵犯的可能性，网络信息的安全性变得日益重要起来。防火墙技术是目前广泛运用和比较成熟的网络安全技术之一。

【本章学习目标】

- 了解防火墙的基本知识
- 掌握防火墙设备管理
- 掌握防火墙的基本配置
- 了解防火墙安全策略配置

8.1　防火墙基本知识

所谓防火墙指的是一个由软件和硬件设备组合而成、在内部网和外部网之间、专用网与公共网之间的界面上构造的保护屏障。它是一种获取安全性方法的形象说法，是一种计算机硬件和软件的结合，使Internet与Intranet之间建立起一个安全网关(Security Gateway)，从而保护内部网免受非法用户的侵入，防火墙主要由服务访问规则、验证工具、包过滤和应用网关4个部分组成。

防火墙是网络安全策略的组成部分，它只是一个保护装置，通过监测和控制网络间的信息交换和访问行为来实现对网络安全的有效管理，其主要目的就是保护内部网络的安全。

8.1.1　防火墙的基本特性

通常，防火墙具有以下几个特性。

1. 内部网络和外部网络之间的所有网络数据流都必须经过防火墙

防火墙的目的就是在网络连接之间建立一个安全控制点，通过允许、拒绝或重新定向

经过防火墙的数据流，实现对进、出内部网络的服务和访问的审计和控制。典型的防火墙体系网络结构的一端连接企事业单位内部的局域网，而另一端则连接着互联网。所有的内、外部网络之间的通信都要经过防火墙。

2. 只有符合安全策略的数据流才能通过防火墙

防火墙最基本的功能是确保网络数据流的合法性，并在此前提下将网络的数据流快速地从一条链路转发到另外的链路上去。从最早的防火墙模型开始谈起，原始的防火墙是一台“双穴主机”，即具备两个网络接口，同时拥有两个网络层地址。

防火墙将网络上的数据流通过相应的网络接口接收上来，按照OSI协议栈的七层结构顺序上传，在适当的协议层进行访问规则和安全审查，然后将符合通过条件的报文从相应的网络接口送出，而对于那些不符合通过条件的报文则予以阻断。因此，从这个角度上来说，防火墙是一个类似于桥接或路由器的、多端口的（网络接口≥2）转发设备，它跨接于多个分离的物理网段之间，并在报文转发过程之中完成对报文的审查工作。

3. 防火墙自身应具有非常强的抗攻击免疫力

这是防火墙之所以能担当企业内部网络安全防护重任的先决条件。防火墙处于网络边缘，它就像一个边界卫士一样，每时每刻都要面对黑客的入侵，这样就要求防火墙自身要具有非常强的抗击入侵本领。

它之所以具有这么强的本领防火墙操作系统本身是关键，只有自身具有完整信任关系的操作系统才可以谈论系统的安全性。其次就是防火墙自身具有非常低的服务功能，除了专门的防火墙嵌入系统外，再没有其他应用程序在防火墙上运行。当然这些安全性也只能说是相对的。

8.1.2 防火墙的分类

防火墙发展至今已经历经三代，分类方法也各式各样，例如按照形态划分可以分为硬件防火墙及软件防火墙；按照保护对象划分可以分为单机防火墙及网络防火墙等。但总的来说，最主流的划分方法是按照访问控制方式进行分类。

按照访问控制方式可分为如下几类。

1. 包过滤防火墙

包过滤是指在网络层对每一个数据包进行检查，根据配置的安全策略转发或丢弃数据包。包过滤防火墙的基本原理是：通过配置访问控制列表（ACL，Access Control List）实施数据包的过滤。主要基于数据包中的源/目的IP地址、源/目的端口号、IP 标识和报文传递的方向等信息。

包过滤防火墙的设计简单，非常易于实现，而且价格便宜。包过滤防火墙的缺点主要表现以下几点。

（1）随着ACL复杂度和长度的增加，其过滤性能呈指数下降趋势。

（2）静态的ACL规则难以适应动态的安全要求。

（3）包过滤不检查会话状态也不分析数据，这很容易让黑客蒙混过关。例如，攻击者可以使用假冒地址进行欺骗，通过把自己主机IP地址设成一个合法主机IP地址，就能很轻易地通过报文过滤器。

2. 代理防火墙

代理服务作用于网络的应用层，其实质是把内部网络和外部网络用户之间直接进行的业务由代理接管。代理检查来自用户的请求，用户通过安全策略检查后，该防火墙将代表外部用户与真正的服务器建立连接，转发外部用户请求，并将真正服务器返回的响应回送给外部用户。

代理防火墙能够完全控制网络信息的交换，控制会话过程，具有较高的安全性。其缺点主要表现在以下几个方面。

（1）软件实现限制了处理速度，易于遭受拒绝服务攻击。

（2）需要针对每一种协议开发应用层代理，开发周期长，而且升级很困难。

3. 状态监测防火墙

状态检测是包过滤技术的扩展。基于连接状态的包过滤在进行数据包的检查时，不仅将每个数据包看成是独立单元，还要考虑前后报文的历史关联性。所有基于可靠连接的数据流（即基于TCP协议的数据流）的建立都需要经过“客户端同步请求”“服务器应答”以及“客户端再应答”三个过程（即“三次握手”过程），这说明每个数据包都不是独立存在的，而是前后有着密切的状态联系的。正是基于这种状态联系，发展出状态检测技术，其基本原理简述如下。

（1）状态检测防火墙使用各种会话表来追踪激活的TCP（Transmission Control Protocol）会话和UDP（User Datagram Protocol）伪会话，由访问控制列表决定建立哪些会话，数据包只有与会话相关联时才会被转发。其中UDP伪会话是在处理UDP协议包时为该UDP数据流建立虚拟连接（UDP是面对无连接的协议），以对UDP 连接过程进行状态监控的会话。

（2）状态检测防火墙在网络层截获数据包，然后从各应用层提取出安全策略所需要的状态信息，并保存到会话表中，通过分析这些会话表和与该数据包有关的后续连接请求来做出恰当决定。

状态检测防火墙具有以下几个优点。

（1）后续数据包处理性能优异：状态检测防火墙对数据包进行ACL 检查的同时，可以将数据流连接状态记录下来，该数据流中的后续包则无需再进行ACL检查，只需根据会话表对新收到的报文进行连接记录检查即可。检查通过后，该连接状态记录将被刷新，从而避免重复检查具有相同连接状态的数据包。连接会话表里的记录可以随意排列，与记录固定排列的ACL不同，于是状态检测防火墙可采用诸如二叉树或哈希（Hash）等算法进行快速搜索，提高了系统的传输效率。

（2）安全性较高：连接状态清单是动态管理的。会话完成后防火墙上所创建的临时返回报文入口随即关闭，保障了内部网络的实时安全。同时，状态检测防火墙采用实时连接状态监控技术，通过在会话表中识别诸如应答响应等连接状态因素，增强了系统的安全性。

8.1.3　防火墙的功能

1. 在不同信任程度区域间传送数据流

它有控制信息基本的任务在不同信任区域的功能。典型信任的区域包括互联网（一个没有信任的区域） 和一个内部网络（一个高信任的区域）。最终目标是根据最少特权原则提供受控连通性在不同水平的信任区域通过安全政策的运行和连通性模型。

防火墙对流经它的网络通信进行扫描，这样能够过滤掉一些攻击，以免其在目标计算机上被执行。防火墙还可以关闭不使用的端口。而且它还能禁止特定端口的流出通信，封锁特洛伊木马。最后，它可以禁止来自特殊站点的访问，从而防止来自不明入侵者的所有通信。

2. 网络安全的屏障

一个防火墙（作为阻塞点、控制点）能极大地提高一个内部网络的安全性，并通过过滤不安全的服务而降低风险。由于只有经过精心选择的应用协议才能通过防火墙，所以网络环境变得更安全。如防火墙可以禁止诸如众所周知的不安全的NFS协议进出受保护网络，这样外部的攻击者就不可能利用这些脆弱的协议来攻击内部网络。

防火墙同时可以保护网络免受基于路由的攻击，如IP选项中的源路由攻击和ICMP重定向中的重定向路径。防火墙应该可以拒绝所有以上类型攻击的报文并通知防火墙管理员。

3. 强化网络安全策略

通过以防火墙为中心的安全方案配置，能将所有安全软件（如口令、加密、身份认证、审计等）配置在防火墙上。与将网络安全问题分散到各个主机上相比，防火墙的集中安全管理更经济。例如在网络访问时，一次一密口令系统和其他的身份认证系统完全可以不必分散在各个主机上，而集中在防火墙一身上。

4. 监控网络存取和访问

如果所有的访问都经过防火墙，那么，防火墙就能记录下这些访问并作出日志记录，同时也能提供网络使用情况的统计数据。当发生可疑动作时，防火墙能进行适当的报警，并提供网络是否受到监测和攻击的详细信息。

另外，收集一个网络的使用和误用情况也是非常重要的。理由之一是可以清楚防火墙是否能够抵挡攻击者的探测和攻击，并且清楚防火墙的控制是否充足。而网络使用统计对网络需求分析和威胁分析等而言也是非常重要的。

5. 防止内部信息的外泄

通过利用防火墙对内部网络的划分，可实现内部网重点网段的隔离，从而限制了局部重点或敏感网络安全问题对全局网络造成的影响。隐私是内部网络非常关心的问题，一个内部网络中不引人注意的细节可能包含了有关安全的线索而引起外部攻击者的兴趣，甚至因此而暴露了内部网络的某些安全漏洞。

使用防火墙就可以隐蔽那些透漏内部细节如Finger，DNS等服务。Finger显示了主机的所有用户的注册名、真名，最后登录时间和使用shell类型等。但是Finger显示的信息非常容易被攻击者所获悉。攻击者可以知道一个系统使用的频繁程度，这个系统是否有用户正在连线上网，这个系统是否在被攻击时引起注意等等。防火墙可以同样阻塞有关内部网络中的DNS信息，这样一台主机的域名和IP地址就不会被外界所了解。

8.1.4 防火墙的配置

通常，防火墙配置有Dual-homed方式、Screened- host方式和Screened-subnet方式三种。

1. Dual-homed 方式

Dual-homed方式最简单。Dual-homed Gateway放置在两个网络之间，这个Dual-homed Gateway又称为Bastionhost。这种结构成本低，但是它有单点失败的问题。这种结构没有增加网络安全的自我防卫能力，而它往往是受“黑客”攻击的首选目标，它自己一旦被攻破，整个网络也就暴露了。

2. Screened- host 方式

Screened-host方式中的Screeningrouter为保护Bastionhost的安全建立了一道屏障。它将所有进入的信息先送往Bastionhost，并且只接受来自Bastionhost的数据作为出去的数据。这种结构依赖Screeningrouter和Bastionhost，只要有一个失败，整个网络就暴露了。

3. Screened-subnet 方式

Screened-subnet包含两个Screeningrouter和两个Bastionhost。在公共网络和私有网络之间构成了一个隔离网，称之为“停火区”（DMZ，即Demilitarized Zone），Bastionhost放置在“停火区”内。这种结构安全性好，只有当两个安全单元被破坏后，网络才被暴露，但是成本也很昂贵。

8.1.5　防火墙的安全区域

对于路由器设备，各个接口所连接的网络在安全上可以视为是平等的，没有明显的内外之分，所以即使进行一定程度的安全检查，也是在接口上完成的。这样，一个数据流单方向通过路由器时有可能需要进行两次安全规则的检查，以便使其符合每个接口上独立的安全定义。而这种思路对于防火墙设备来说就不是很合适，防火墙所承担的责任是保护内部网络不受外部网络上非法行为的伤害，有着明确的内外之分。当一个数据流通过防火墙设备的时候，根据其发起方向的不同，所引起的操作是截然不同的。由于这种安全级别上的差别，再采用在接口上检查安全策略的方式已经不适用，可能会造成用户在配置上的混乱。

因此，防火墙提出了安全区域的概念。一个安全区域是一个或多个接口的一个组合，具有一个安全级别。在设备内部，这个安全级别通过一个0～100的数字来表示，数字越大表示安全级别越高，不存在两个具有相同安全级别的区。只有当数据在分属于两个不同安全级别的接口之间流动的时候，才会激活防火墙的安全规则检查功能。数据在属于同一个安全域的不同接口间流动的时候将被直接转发，不会触发ACL等检查。

华为Eudemon防火墙上保留以下四个安全区域。

（1）非受信区域Untrust：低安全级别的安全区域，安全级别为5。

（2）非军事化区域DMZ：中等安全级别的安全区域，安全级别为50。

（3）受信区域Trust：较高安全级别的安全区域，安全级别为85。

（4）本地区域Local：最高安全级别的安全区域，安全级别为100。

这四个安全区域无需创建，也不能删除，同时各安全级别也不能重新设置。安全级别用1～100 的数字表示，数字越大表示安全级别越高。

需要注意的是，将接口加入安全区域这个操作，实际上意味着将该接口所连网络加入到安全区域中，而该接口本身仍然属于系统预留用来代表设备本身的Local安全区域。

一般情况下，受信区接口连接用户要保护的内部网络，非受信区连接外部网络，非军事化区连接用户向外部提供服务的部分网络。

防火墙上的检查是发生在属于不同优先级别的两个接口之间的，将防火墙理解为一个边界，对于方向的判定是由防火墙所连接的不同网络为基准的。对于防火墙上任意两个域来说，高安全级别一侧为内，低安全级别一侧为外。当数据从高安全级别的进入而从低安全级别的接口流出的时候，称之为出方向（Outbound）；反之，当数据从低安全级别的接口进入防火墙而从高安全级别的接口流出的时候，称之为入方向（Inbound）。不同安全级别的安全区域间的数据流动都将激发USG防火墙进行安全策略的检查。可以事先为同一安全域间的不同方向设置不同的安全策略，当有数据流在此安全域间的两个不同方向上流动时，将触发不同的安全策略检查。

一个域可以有一个或多个接口，一个接口只能属于一个域，二者是一对多的关系。

8.2 防火墙设备管理

8.2.1 防火墙设备文件管理

配置文件是设备启动时要加载的配置项。用户可以对配置文件进行保存、更改和清除、选择设备启动时加载的配置文件等操作。系统文件包括USG设备的软件版本，特征库文件等。具体操作与路由器、交换机类似，不再详细介绍。

8.2.2 防火墙设备登录管理

防火墙登录管理的方式通常有：Console、Telnet、Web和SSH四种。

1. 通过 Console 口登录

Console方式就是通过RS-232配置线连接到设备上，使用Console方式登录到设备上，进行配置。

如图8-1所示，使用PC终端通过连接设备的Console口来登录设备，进行第一次上电和配置。当用户无法进行远程访问设备时，可通过Console进行本地登录；当设备系统无法启动时，可通过Console口进行诊断或进入BootRom进行系统升级。

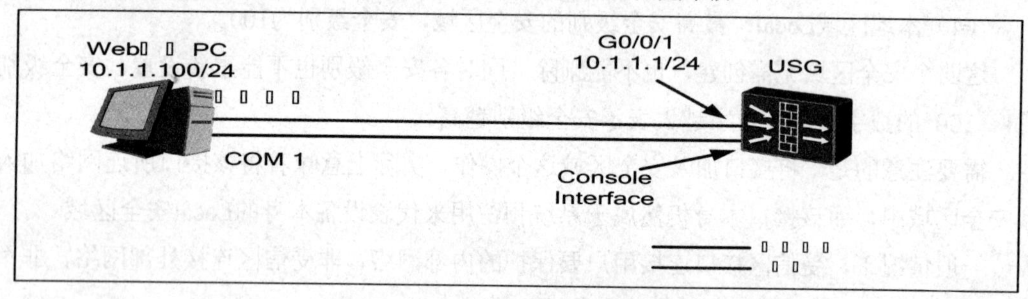

图 8-1 设备通过 Console 登录管理

如果使用PC进行配置，需要在PC上运行终端仿真程序，建立新的连接。如图8-2所示，键入新连接的名称，单击“确定”。

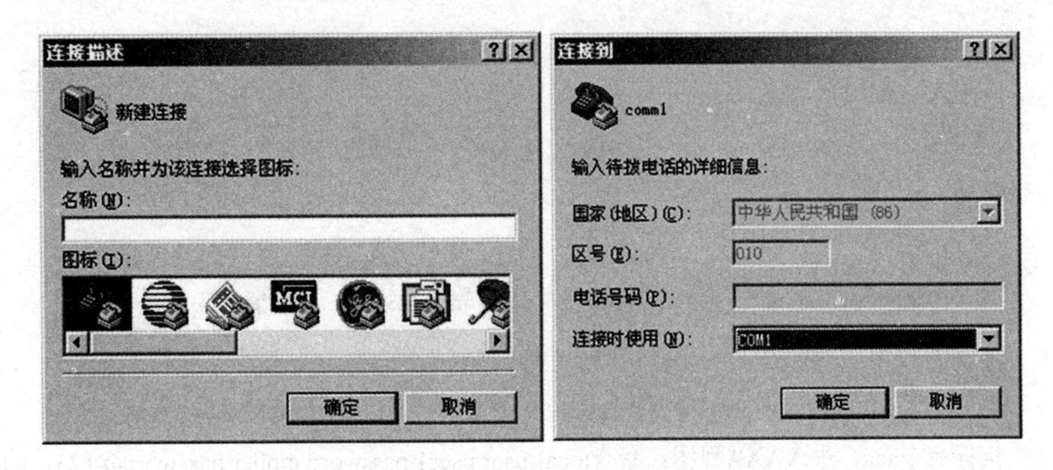

图 8-2　建立新的连接

在串口的属性对话框中设置波特率为9600，数据位为8，奇偶校验为无，停止位为1，流量控制为无，单击“确定”，返回超级终端窗口。

打开设备电源开关。设备上电后，检查设备前面板上的指示灯显示是否正常。

USG配置口登录的缺省用户名为admin，缺省用户密码为Admin@123。其中，用户名不区分大小写，密码要区分大小写。

2. 通过 Telnet 登录

通过PC终端连接到网络上，使用Telnet方式登录到设备上，进行本地或远程的配置，目标设备根据配置的登录参数对用户进行验证。Telnet登录方式方便对设备进行远程管理和维护，拓扑图如图8-3所示。

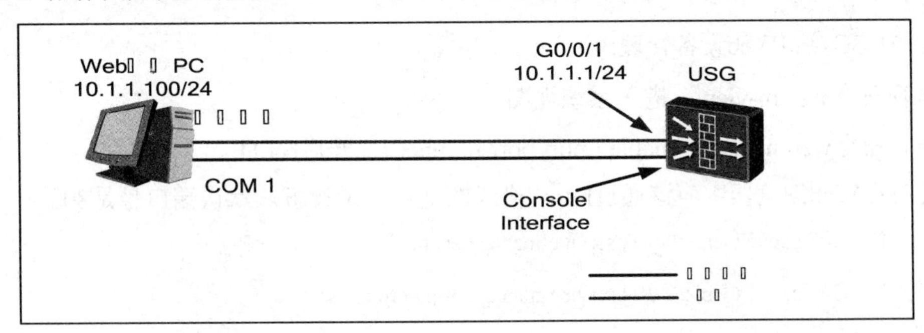

图 8-3 设备通过 Telnet、Web 登录

Telnet登录管理配置步骤如下。

配置USG接口telnet设备管理：

```
[USG-GigabitEthernet0/0/1] service-manage enable          //……开启接口的访问管理功能
[USG-GigabitEthernet0/0/1] service-manage telnet permit   //……选择访问方式
```

配置vty interface：

```
[USG] user-interface vty 0 4
[USG-ui-vty0-4] authentication-mode aaa                //……选择认证方式
[USG-ui-vty0-4] protocol inbound telnet                //……选择接入类型
```

配置Telnet用户信息：

```
[USG] aaa
[USG-aaa] local-user user1 password cipher password@123    //……配置密码
[USG-aaa] local-user user1 service-type telnet             //……选择服务类型
[USG-aaa] local-user user1 level 3                         //……修改用户等级
```

执行命令aaa，进入AAA视图；命令local-user user1 password cipher password@123，创建本地用户；命令local-user user1 service-type telnet，配置本地用户的服务类型为telnet；命令local-user user1 level 3，配置本地用户的级别。

3. 通过Web登录

在客户端通过Web浏览器访问设备，进行控制和管理，拓扑图如图9-3所示。适用于配置终端PC通过Web方式登录。

登录基本配置步骤如下。

配置USG的IP地址：

执行命令system-view，进入系统视图。

```
[SRG]interface GigabitEthernet 0/0/1
[SRG-GigabitEthernet0/0/1]ip address 192.168.0.1 24
```

配置USG接口Web设备管理。

执行命令system-view，进入系统视图。

执行命令web-manager enable [port port-number]，开启HTTP。

此时在Web浏览器中应该通过http://格式的地址登录设备。默认端口号是80。

```
[USG-GigabitEthernet0/0/1] service-manage enable
[USG-GigabitEthernet0/0/1] service-manage http permit
```

启动Web管理功能。

如果要开启HTTPS（默认证书），执行命令system-view，进入系统视图。执行命令web-manager security enable port port-number，开启HTTPS。此时在Web浏览器中应该通过https://格式的地址登录设备，本例配置端口号为2000。

```
[USG-GigabitEthernet0/0/1] service-manage https permit
[USG] web-manager security enable port 2000            //……配置登录端口
```

配置Web用户。

```
[USG] aaa
[USG-aaa] local-user webuser password cipher Admin@123
[USG-aaa] local-user webuser service-type web
[USG-aaa] local-user webuser level 3
```

local-user level命令用来配置本地用户的优先级，Level 3为管理级。

USG登录界面如下图8-4所示。

图 8-4　USG 登录界面

缺省情况下，设备开启HTTP；建议开启HTTPS，提高安全性。用户可以通过用户名/密码：admin/Admin@123登录，为保证系统安全，登录后请修改密码。

只有GigabitEthernet 0/0/0接口加入Trust域并提供缺省IP地址（192.168.0.1/24），并开放Trust域到Local域的缺省包过滤，方便初始登录设备。

缺省情况下开放Local域到其他任意安全区域的缺省包过滤，方便设备自身的对外访问。其他接口都没有加安全区域，并且其他域间的缺省包过滤关闭。要想设备转发流量必须将接口加入安全区域，并配置域间安全策略或开放缺省包过滤。

4. 通过 SSH 登录

SSH提供安全的信息保障和强大认证功能，保护设备系统不受IP欺骗、明文密码截取等攻击。SSH是一种在不安全网络上用于安全远程登录和其他安全网络服务的协议。它提供了对安全远程登录、安全文件传输和安全TCP/IP和X-Window系统通信量进行转发的支持。它可以自动加密、认证并压缩所传输的数据。正在进行的定义SSH协议的工作确保SSH协议可以提供强健的安全性，防止密码分析和协议攻击，可以在没有全球密钥管理或证书基础设施的情况下工作得非常好，并且在可用时可以使用自己已有的证书基础设施。

登录基本配置步骤如下。

```
//配置服务器端
```

```
ciscoasa（config）#crypto key generate rsa modulus 1024        //指定rsa系数的大小，这个值越大，产生rsa的时间越长，cisco推荐使用1024.
ciscoasa（config）#write mem        //保存刚刚产生的密钥
ciscoasa（config）#ssh 0.0.0.0 0.0.0.0 outside     //0.0.0.0 0.0.0.0表示任何外部主机都能通过SSH访问outside接口
ciscoasa（config）#ssh timeout 30        //设置超时时间，单位为分钟
ciscoasa（config）#ssh version 1        //指定SSH版本，可以选择版本2
 //配置客户端
ciscoasa（config）#passwd 密码        //passwd命令所指定的密码为远程访问密码，同样适用于telnet
//相关命令
show ssh        //参看SSH配置信息
show crypto key mypubkey rsa        //查看产生的rsa密钥值
crypto key zeroize        //清空所有产生的密钥
```

8.2.3 防火墙管理制度

1. 总则

（1）为保证信用评级信息在保密的前提下合理使用，确保公司信用评级过程和评级结果的独立性、客观性、公正性，确实维护客户和公司利益，特制定本制度。

（2）本制度所指的防火墙是指公司在承接信用评级项目时，公司员工不按规定使用信用评级信息导致信用评级信息被不应掌握的人或部门而掌握的情形。

（3）本制度适用于公司全体员工。

2. 部门设置

（1）公司应当建立合理的内部组织结构，恰当地划分机构职能，设计规范的业务流程，使从事信用评级的业务部门之间以及从事信用评级的业务部门与其他业务部门之间在职能、人员、业务、信息流等方面保持独立。

（2）公司涉及信用评级的部门分为以下三大类。

①信用评级部门：工商企业部、公用事业部、金融机构部、结构融资部、中小企业部、专业评审委员会等。

②信息服务部门：行业地区部、国家风险部和风险管理咨询部等。

③支持部门：稽核合规部、技术支持部、数据中心、客服中心、综合管理部等。

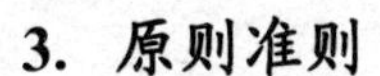

3. 原则准则

（1）处理信用评级业务的评审委员、评级项目小组成员、市场部人员、合规和质量管理人员、技术支持人员、客服人员、数据管理人员、备案管理人员应严格执行回避制度。

（2）信用评级业务部门、信息服务部门和支持部门之间，严禁交换与评级相关的业务信息，各部门人员均应遵守公司信息保密制度。

（3）与信用评级业务相关的各部门人员，应严格依据岗位职责和评级业务流程处理评级业务事项，确保信用评级信息在规定的范围内流动。

（4）信用评级项目的承揽、项目承做和审核评审应严格分离。项目承揽人员一律不得作为项目评级人员，不得作为三级审核成员对所承揽业务的评级报告实施审核，但可以作为项目联系人，与评级客户及相关机构保持沟通。

（5）信用评级业务的承做与审核、评审应严格分离。项目承揽人员一律不得作为三级审核成员对所承揽业务的评级报告实施审核，不得作为评审委员参与评审。

（6）信息服务的市场业务部门应与评级业务部门严格分离。市场业务人员不得向同一客户同时提供信息服务和评级服务。

（7）客服中心是市场部门与评级部门的有效区隔实体；技术支持部是评级与评审的有效区隔实体;稽核合规部是独立的第三方监管实体。

4. 市场业务

（1）市场部人员负责销售公司的信用评级产品，不参与信用评级报告撰写和级别评定工作。

（2）市场部人员对评级对象进行产品营销时，如需要提供技术支持，分析师必须客观、公正地提出业务支持，不得就被评对象作出评级结果预测和允诺。

（3）市场部人员在业务谈判过程中，分析师与信用评审会委员均不得参与评级费用讨论和评级合同签订等工作。

（4）评级项目开展过程中，市场人员不得将评审委员和项目支持人员的相关情况及其联系方式，评级和评审内容等信息告知或变相告知被评对象或客户。

5. 评级业务

（1）对评级与信息服务业务进行隔离。

（2）评级业务由评级总监统一管理。在进行信用评级项目时，由公司评级部门成立评级项目组，项目组对评级对象进行考察、分析，形成初评报告，并提交评审委员会。

（3）评级项目组成员包括分析师、数据人员和行业专员等，负责数据处理、分析研究、评级报告撰写等工作，但不得参与市场业务销售。

（4）评级项目组分析师负责访谈的准备、资料整理，如需要调用其他客户相关资料，需经过主管批准，由评级秘书转发。

（5）项目组成员不得把评级对象相关资料以及评审委员信息私下转发他人。

（6）评级项目组数据人员负责评级数据真实、完整和全面性的审核、处理，对数据的收集、录入、审核、报送与调整、备份保存管理。

（7）评级项目分析师独立完成评级报告撰写，对报告内容负责，市场人员不得参与。

（8）评级项目组行业专员负责行业风险专业研究的支持。

（9）评级项目组成员不得向评级对象透露信用评审委员名单及联系方式等联系信息。

（10）公司的董事、监事、高级管理人员等不得以任何方式影响或干扰评级项目小组成员的工作独立性。

6. 评审业务

（1）评级结果由评审委员会通过投票表决的形式决定，具体投票规则由《大公信用等级评审制度》决定。

（2）评审委员依据客观实际，独立发表审核意见，其行为不受市场人员、评级人员、公司高级管理人员、其他人员的干涉。

（3）参加评审会的行业、专题、数据研究人员、外部专家、质量专员、合规专员参议人员，对信用评审过程的合规性，评审的专业性和科学性进行监督。

7. 信息部门

（1）信息服务部门人员不得参与评级业务的市场开发和评审工作。

（2）信息服务部门由技术总监统一管理。提供信息服务期间，不得与评级部门交换信息。另外，信息服务部门不得参与评级业务的市场开发工作。

8. 支持部门

（1）技术支持人员、客服人员、数据管理人员等按评级业务流程处理信用评级业务时，依据职责处理评级工作，不得向评级项目组了解超越职责范围的评级业务信息。

（2）稽核合规部对信用评级业务流程中防火墙制度的执行环节进行合法合规性检查。

8.3 防火墙基本配置

防火墙基本配置流程如图8-5所示。

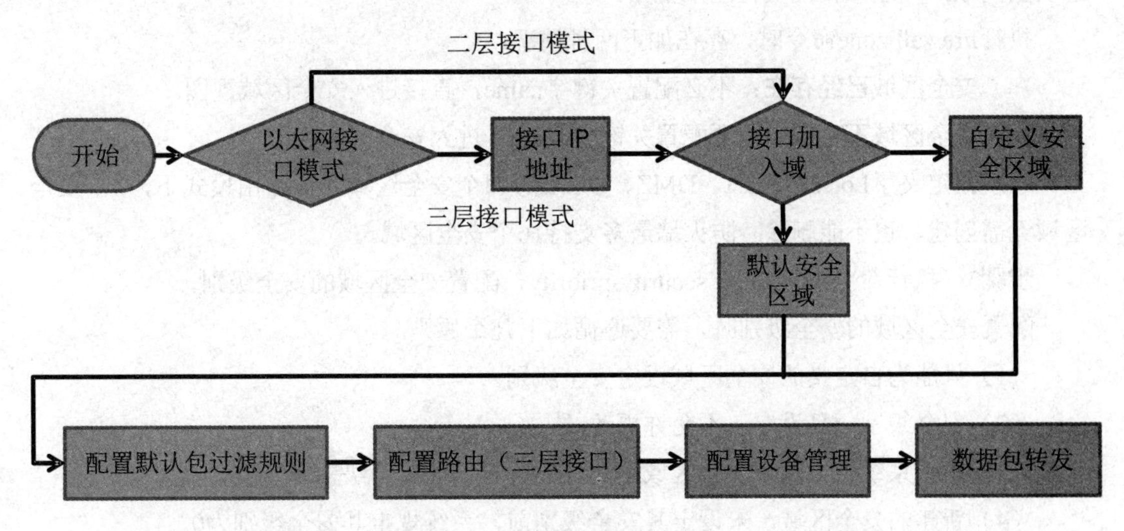

图 8-5 防火墙基本配置流程

8.3.1 配置接口模式

1. 进入系统视图

```
<USG>system-view
```

2. 进入接口视图

```
[USG]interface interface-type interface-number
```

3. 配置三层以太网接口或者二层以太网接口

配置三层以太网接口：

```
ip address ip-address { mask | mask-length }
```

或配置二层以太网接口：portswitch

在USG中，支持以下两种接口卡：

二层接口卡：所有接口均为二层以太网接口，不支持切换为三层接口。

三层接口卡：所有接口缺省为三层以太网接口，可以通过命令portswitch切换为二层以太网接口。

8.3.2 配置安全区域

1. 创建自定义安全区域

步骤1：执行命令system-view，进入系统视图。

步骤2：执行命令firewall zone [vpn-instance vpn-instance-name] [name] zone-name，创

建安全区域，并进入相应安全区域视图。

执行firewall zone命令时，存在如下两种情况：

- **安全区域已经存在：**不必配置关键字name，直接进入安全区域视图。
- **安全区域不存在：**需要配置关键字name，进入安全区域视图。

系统预定义了Local、Trust、DMZ、Untrust共4个安全区域。在路由模式下，4个安全区域无需创建，也不能删除。防火墙最多支持16个安全区域。

步骤3：执行命令set priority security-priority，配置安全区域的安全级别。

配置安全区域的安全级别时，需要遵循如下几个原则。

（1）只能为自定义的安全区域设定安全级别。

（2）安全级别一旦设定，不允许更改。

（3）同一系统中，两个安全区域不允许配置相同的安全级别。

（4）新建的安全区域，未设定其安全级别前，系统规定其安全级别为0。

2. 将接口添加到安全区域

步骤1：执行命令system-view，进入系统视图。

步骤2：执行命令firewall zone [vpn-instance vpn-instance-name] [name] zone-name，创建安全区域，并进入相应安全区域视图。

步骤3：执行命令add interface interface-type interface-number，配置接口加入安全区域。

3. 配置域间包过滤规则

当数据流无法匹配防火墙中的ACL时，会按照域间缺省包过滤规则转发或丢弃该数据流的报文。配置域间缺省包过滤规则，需要进行如下操作。

步骤1：执行命令system-view，进入系统视图。

步骤2：执行命令firewall packet-filter default { permit | deny } { { all | interzone zone1 zone2 } [direction { inbound | outbound }] }，配置域间缺省包过滤规则。

参数说明：

- **permit：**默认过滤规则为允许
- **deny：**默认过滤规则为禁止
- **all：**配置作用于所有安全区域间
- **interzone：**配置作用于特定安全区域间
- **zone1：**第一个安全区域的名字，可以是DMZ、Local、Trust、Untrust区域以及自定义区域
- **zone2：**第二个安全区域的名字，可以是DMZ、Local、Trust、Untrust区域以及自定义区域
- **direction：**配置过滤规则作用的方向

➢ **inbound**：配置过滤规则作用于安全区域间入方向

➢ **outbound**：配置过滤规则作用于安全区域间出方向

缺省情况下，在防火墙所有安全区域间的所有方向都禁止报文通过。

4. 配置路由

配置静态路由，需要进行如下操作。

步骤1：执行命令system-view，进入系统视图。

步骤2：执行命令ip route-static ip-address { mask | mask-length } { interface-type interface-number | next-ip-address } [preference value] [reject | blackhole]增加一条静态路由

配置缺省路由，需要进行如下操作。

步骤1：执行命令system-view，进入系统视图。

步骤2：执行命令ip route-static 0.0.0.0 { 0.0.0.0 | 0 } { interface-type interface-number | next-ip-address } [preference value] [reject | blackhole]，配置缺省路由。

8.4　防火墙安全策略配置

8.4.1　包过滤技术策略

包过滤作为一种网络安全保护机制，主要用于对网络中各种不同的流量是否转发做一个最基本的控制。

传统的包过滤防火墙对于需要转发的报文，会先获取报文头信息，包括报文的源IP地址、目的IP地址、IP层所承载的上层协议的协议号、源端口号和目的端口号等，然后和预先设定的过滤规则进行匹配，并根据匹配结果对报文采取转发或丢弃处理。

包过滤防火墙的转发机制是逐包匹配包过滤规则并检查，所以转发效率低下。目前防火墙基本使用状态检查机制，将只对一个连接的首包进行包过滤检查，如果这个首包能够通过包过滤规则的检查，并建立会话的话，后续报文将不再继续通过包过滤机制检测，而是直接通过会话表进行转发。实现包过滤的核心技术是访问控制列表。

包过滤能够通过报文的源MAC地址、目的MAC地址、源IP地址、目的IP地址、源端口号、目的端口号、上层协议等信息组合定义网络中的数据流，其中源IP地址、目的IP地址、源端口号、目的端口号、上层协议就是在状态检测防火墙中经常所提到的五元组，也是组成TCP/UDP连接非常重要的五个元素。

8.4.2　防火墙安全策略

安全策略是按一定规则检查数据流是否可以通过防火墙的基本安全控制机制。规则的本质是包过滤。

防火墙的基本作用是保护特定网络免受“不信任”的网络的攻击，但是同时还必须允许两个网络之间可以进行合法的通信。安全策略的作用就是对通过防火墙的数据流进行检验，符合安全策略的合法数据流才能通过防火墙。

通过防火墙安全策略可以控制内网访问外网的权限、控制内网不同安全级别的子网间的访问权限等。同时也能够对设备本身的访问进行控制，例如限制哪些IP地址可以通过Telnet和Web等方式登录设备，控制网管服务器、NTP服务器等与设备的互访等。

防火墙安全策略定义数据流在防火墙上的处理规则，防火墙根据规则对数据流进行处理。因此，防火墙安全策略的核心作用是：根据定义的规则对经过防火墙的数据流进行筛选，由关键字确定筛选出的数据流如何进行下一步操作。

在防火墙应用中，防火墙安全策略是对经过防火墙的数据流进行网络安全访问的基本手段，决定了后续的应用数据流是否被处理。安全策略根据通过报文的源地址、目的地址、端口号、上层协议等信息组合定义网络中的数据流。

8.4.3　防火墙安全策略分类

通常，防火墙安全策略分为域间安全策略、域内安全策略、接口包过滤三种。

1. 域间安全策略

域间安全策略用于控制域间流量的转发（此时称为转发策略），适用于接口加入不同安全区域的场景，如图8-6所示。

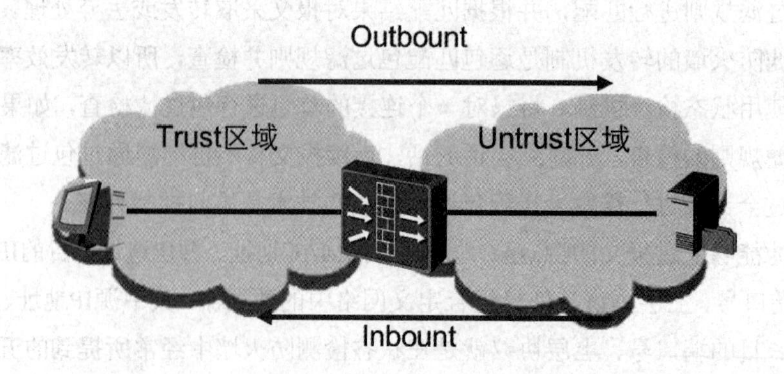

图 8-6　域间安全策略

域间安全策略按IP地址、时间段和服务（端口或协议类型）、用户等多种方式匹配流量，并对符合条件的流量进行包过滤控制（Permit/Deny）或高级的UTM应用层检测。域间安全策略也用于控制外界与设备本身的互访（此时称为本地策略），按IP地址、时间段和服务（端口或协议类型）等多种方式匹配流量，并对符合条件的流量进行包过滤控制（Permit/Deny），允许或拒绝与设备本身的互访。

防火墙域间安全策略分为域间缺省包过滤、转发策略和本地策略三类。

（1）域间缺省包过滤：当数据流无法匹配域间安全策略时，会按照域间缺省包过滤规则来转发或丢弃该数据流的报文。

（2）转发策略：转发策略是指控制哪些流量可以经过设备转发的域间安全策略，对域间（除Local域外）转发流量进行安全检查，例如控制哪些Trust域的内网用户可以访问Untrust域的Internet。

（3）本地策略：本地策略是指与Local安全区域有关的域间安全策略，用于控制外界与设备本身的互访。

2. 域内安全策略

缺省情况下域内数据流动不受限制，如果需要进行安全检查可以应用域内安全策略，如图8-7所示。

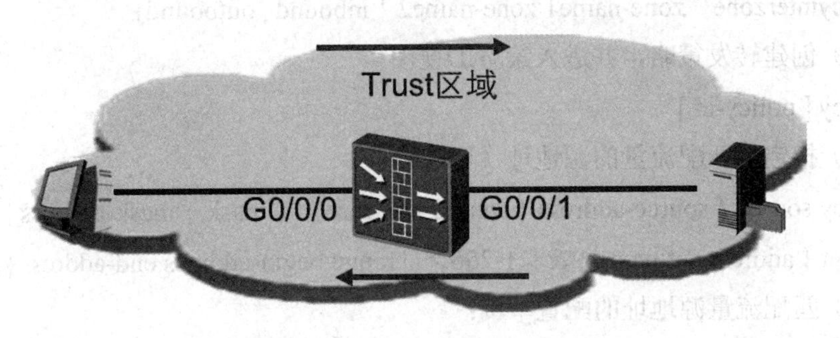

图8-7 域内安全策略

与域间安全策略一样可以按IP地址、时间段和服务（端口或协议类型）、用户等多种方式匹配流量，然后对流量进行安全检查。例如：市场部和财务部都属于内网所在的安全区域Trust，可以正常互访。但是财务部是企业重要数据所在的部门，需要防止内部员工对服务器、PC等的恶意攻击。所以在域内应用安全策略进行IPS检测，阻断恶意员工的非法访问。

3. 接口包过滤

当接口未加入安全区域的情况下，通过接口包过滤控制接口接收和发送的IP报文，可以按IP地址、时间段和服务（端口或协议类型）等多种方式匹配流量并执行相应动作（Permit/Deny）。基于MAC地址的包过滤用来控制接口可以接收哪些以太网帧，可以按MAC地址、帧的协议类型和帧的优先级匹配流量并执行相应动作（Permit/Deny）。硬件包过滤是在特定的二层硬件接口卡上实现的，用来控制接口卡上的接口可以接收哪些数据流。硬件包过滤直接通过硬件实现，所以过滤速度更快，如图8-8所示。

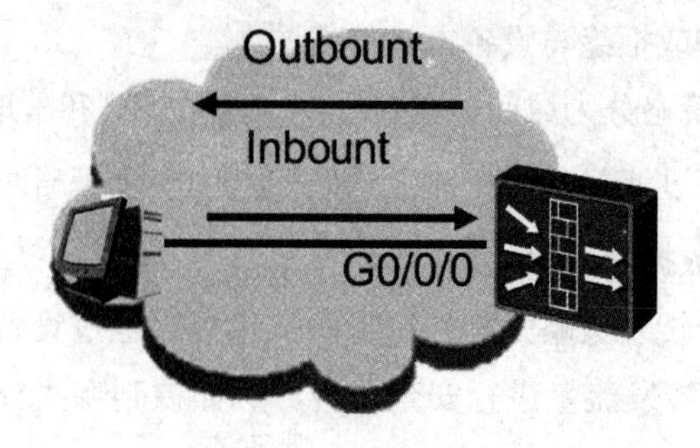

图 8-8　接口包过滤

8.4.4　防火墙安全策略配置应用

1. 配置转发策略

（1）进入域间安全策略视图

policyinterzone　zone-name1 zone-name2 { inbound | outbound}

（2）创建转发策略，并进入策略ID视图

policy [policy-id]

（3）指定需匹配流量的源地址（可选）

policy source { source-address { source-wildcard | 0 | mask { mask-address | mask-len } } | address-set { address-set-name } &＜1-256＞ | range begin-address end-address | any}

（4）匹配流量源地址的配置举例：

```
policy source 192.168.0.1    0.0.0.255
policy source 192.168.0.2    0
policy source 192.168.1.1    24
policy source    address-set    ip_deny
policy source range 192.168.2.1    192.168.2.10
policy source source-address    any
```

（5）指定需匹配流量的目的地址（可选）

policy destination { destination-address { destination-wildcard | 0 | mask { mask-address | mask-len }} | address-set { address-set-name } &＜1-256＞ | range begin-address end-address | any }

（6）指定需匹配流量的服务集（可选）

policy service service-set { service-set-name } &＜1-256＞

（7）配置策略生效的时间段（可选）

policy time-range time-name

（8）配置对匹配流量的包过滤动作

action { permit | deny }

举例：

```
policyinterzone trust untrust outbound
policy 0
action permit
policy source 192.168.168.0 0.255.0.255
policy service    service-set    http
```

同一个域间包过滤策略视图下可以为不同的流量创建不同的策略。缺省情况下，越先配置的策略，优先级越高，越先匹配报文。一旦匹配到一条Policy，就直接按照该Policy的定义处理报文，不再继续往下匹配。各个policy之间的优先级关系可以通过命令进行调整。

在包过滤策略视图下执行policy policy-id { enable | disable }，启用或者禁用一条自定义策略。

source-wildcard点分十进制格式的通配符。例如：192.168.1.0 0.0.0.255，这里的0.0.0.255就是通配符，并且通配符的二进制形式支持1不连续，例如：0.255.0.255。通配符转换为二进制后，为“0”的位是匹配值（源IP）中需要匹配的位，为“1”的位表示不需要关注。0.0.0.255的二进制形式是00000000 00000000 00000000 11111111，所以源IP地址是192.168.1.*的报文均能匹配到。0为通配符，表示主机。

Mask：mask-address 指定掩码。点分十进制格式，形如255.255.255.0表示掩码长度为24。mask mask-len指定掩码长度。整数形式，取值范围是1～32。

address-set 指定地址集作为源IP地址。可以指定1～256个地址集。address-set-name 地址集名称。字符串形式，不支持空格，支持除“-”“?”和“,”以外的任意字符，长度范围是1～31个字符，不能以数字开头。

range 指定源IP地址范围。begin-address 起始IP地址。点分十进制格式。end-address 结束IP地址。点分十进制格式。

any 指定策略的源IP地址为任意IP地址。

2. 配置本地策略

（1）进入域间安全策略视图

policyinterzone local zone-name { inbound | outbound }

（2）创建转发策略，并进入策略ID视图

policy [policy-id]

（3）指定需匹配流量的源地址（可选）

policy source { source-address { source-wildcard | 0 | mask { mask-address | mask-len } } | address-set { address-set-name } &＜1-256＞ | range begin-address end-address | any }

（4）指定需匹配流量的目的地址（可选）

policy destination { destination-address { destination-wildcard | 0 | mask { mask-address | mask-len } } | address-set { address-set-name } &＜1-256＞ | range begin-address end-address | any }。

（5）指定需匹配流量的服务集（可选）

policy service service-set { service-set-name } &＜1-256＞，

（6）配置对匹配流量的包过滤动作

action { permit | deny }

举例：

```
policyinterzone trust local inbound
policy 0
action permit
policy source 10.1.1.1 0
policy service service-set telnet
```

在域间安全策略视图下，执行policy policy-id { enable | disable}，启用或者禁用一策略。

3. 配置域间缺省包过滤

（1）配置防火墙内部的所有域间缺省包过滤

firewall packet-filter default { permit | deny } all [direction { inbound | outbound }]

举例：所有域间缺省包过滤规则为Permit

```
firewall packet-filter default   permit all
```

（2）配置根防火墙或虚拟防火墙内部的某个域间缺省包过滤

firewall packet-filter default { permit | deny } interzone zone-name1 zone-name2 [direction { inbound | outbound }]

举例：源Trust-＞目的Untrust域间缺省包过滤规则为Permit

```
firewall packet-filter default   permit interzone Trust Untrust direction outbound
```

（3）查看当前域间配置的缺省包过滤规则

display firewall packet-filter default all查看所有域间的配置或者display firewall packet-filter default interzone zone-name1 zone-name2查看某个域间的配置。

4. 配置域内安全策略

（1）进入域内安全策略视图

policy zone　zone-name

（2）创建域内安全策略，并进入策略ID视图

policy [policy-id]

（3）指定需匹配流量的源地址（可选）

policy source { source-address { source-wildcard | 0 | mask { mask-address | mask-len} } | address-set { address-set-name } &＜1-256＞ | range begin-address end-address | any }

（4）指定需匹配流量的目的地址（可选）

policy destination { destination-address { destination-wildcard | 0 | mask { mask-address | mask-len } } | address-set { address-set-name } &＜1-256＞ | range begin-address end-address | any }

（5）指定需匹配流量的服务集（可选）

policy service service-set { service-set-name } &＜1-256＞

（6）配置对匹配流量的包过滤动作

action { permit | deny }

举例：

```
policy zone trust
policy 0
action deny
policy service service-set ftp
policy source 1.1.1.1 0
policy destination 10.1.1.1 0
```

在域内安全策略视图下执行policy policy-id { enable | disable }，启用或者禁用一条策略。

5. 配置接口包过滤

（1）进入接口视图

interface interface-type interface-number

（2）在接口上的一个方向上应用一条基本或高级ACL规则

firewall packet-filter acl-number { inbound | outbound }

（3）应用一条基于MAC地址的ACL

firewallethernet-frame-filter acl-number inbound

（4）应用一条硬件包过滤的ACL

hardware-filteracl-number inbound

（5）创建高级ACL ，并进入ACL视图

acl　[number] acl-number [vpn-instance vpn-instance-name] [match-order { config |

auto }]

配置指定协议信息的高级ACL规则举例：

rule deny tcp source 129.9.0.0 0.0.255.255 destination 202.38.160.0 0.0.0.255 destination-port equal www

在基于基本或高级ACL的接口包过滤中，inbound指接口收到的报文，outbound指接口发送的报文。在基于MAC地址的包过滤中，只支持inbound一个方向，即只对接口收到的报文进行过滤。在硬件包过滤中，只支持inbound一个方向，即只对接口收到的报文进行过滤。

每个接口只能应用一条ACL。如果重复配置，新配置的ACL将覆盖旧的ACL。ACL定义的数据流有很大区别：

（1）基本ACL2000～2999仅使用源地址信息进行流量匹配。

（2）高级ACL3000～3999可以使用数据包的源地址、目的地址、IP承载的协议类型、源端口、目的端口等5元组信息进行流量匹配。

（3）基于MAC地址ACL4000～4999主要用于对以太网等数据链路层协议帧头中的源MAC地址、目的MAC地址、类型字段等信息进行流量匹配。

（4）硬件包过滤ACL是一种特殊的ACL，将硬件包过滤ACL下发到接口卡上后，接口卡通过硬件实现包过滤功能，比普通的软件包过滤速度更快，消耗系统资源更少。硬件包过滤ACL的匹配条件比较全面，可以通过源IP地址、目的IP地址、源MAC地址、目的MAC地址、协议等维度来进行流量匹配。

本章小结

本章主要讲述了防火墙的基本知识、防火墙设备管理、防火墙的基本配置和防火墙安全策略配置等相关知识。本章知识点如下。

（1）防火墙的特性：内部网络和外部网络之间的所有网络数据流都必须经过防火墙、只有符合安全策略的数据流才能通过防火墙、防火墙自身应具有非常强的抗攻击免疫力。

（2）防火墙的分类：包过滤防火墙、代理防火墙和状态监测防火墙。

（3）防火墙的功能有：在不同信任程度区域间传送数据流、网络安全的屏障、强化网络安全策略、监控网络存取和访问、防止内部信息的外泄。

（4）防火墙配置有Dual-homed方式、Screened- host方式和Screened-subnet方式三种。

（5）华为Eudemon防火墙上保留四个安全区域：非受信区域Untrust、非军事化区域DMZ、受信区域Trust、本地区域Local。

（6）防火墙系统文件包括USG设备的软件版本，特征库文件等。

（7）防火墙登录管理的方式通常有：Console、Telnet、Web和SSH四种。防火墙管理制度。

（8）配置接口模式：进入系统视图、进入接口视图、配置三层以太网接口或者二层以太网接口。

（9）配置安全区域：创建自定义安全区域、将接口添加到安全区域、配置域间包过滤规则、配置路由。

（10）防火墙安全策略配置：包过滤技术策略、防火墙安全策略、防火墙安全策略分类、防火墙安全策略配置应用。

本章习题

1．防火墙通常置于什么位置？

2．简述防火墙的特征。

3．防火墙的组成有哪些？

4．防火墙按策略分为哪几类？分别是什么？

5．防火墙按实现方式分为哪几类？

6．防火墙的工作模式有哪些？分别是什么？

7．防火墙的局限性有哪些？

8．防火墙中的区域有哪些？若删除、增加一个区域是否可行？为什么？

9．衡量防火墙好坏的指标是什么？

10．防火墙的区域优先级分别是多少？请简述各区域间的过虑规则。

11．防火墙综合拓扑如图8-9所示。

拓扑说明：

①PC1、PC2位于Trust区域

②AR1位于untrust区域

③Server1和PC4位于DMZ区域

④最终完成测试

PC1和PC2不能互访，但是都能正常访问PC3或DMZ区域中的服务器，利用防火墙实现区域间过滤策略，利用防火墙实现区域内过滤策略。

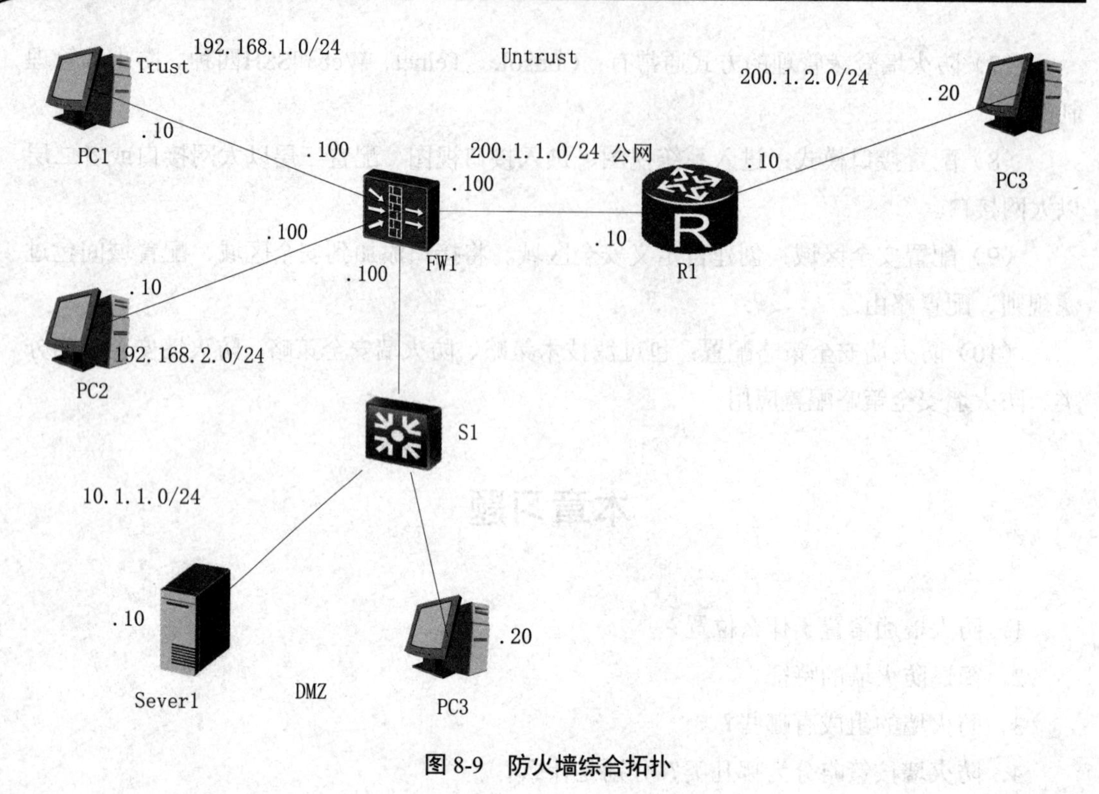
192.168.1.0/24
Trust
Untrust
200.1.2.0/24
.20
PC1
.10
.100
200.1.1.0/24 公网
.10
PC3
.100
.100
.10
FW1
R1
.10
.100
PC2
192.168.2.0/24
S1
10.1.1.0/24
.10
.20
Sever1
DMZ
PC3

图 8-9 防火墙综合拓扑

第9章　计算机网络安全技术

【本章导读】

计算机网络的应用越来越广泛，人们的日常生活、工作、学习等各个方面几乎都会涉及到计算机网络，尤其是在电子商务、电子政务及企/事业单位的管理等领域。在这种大环境下，对计算机网络的安全要求越来越高，一些恶意者也利用各种手段对计算机网络的安全造成各种威胁。因此，计算机网络的安全越来越受到人们的关注，并成为一个研究的新课题。本章主要从计算机网络面临的安全威胁、加密技术和措施等方面进行介绍。

【本章学习目标】

- 了解计算机网络安全的基本知识
- 掌握计算机网络安全体系
- 了解传统的加密技术及使用

9.1　计算机网络安全的基本知识

9.1.1　计算机网络的安全威胁

计算机网络面临多种安全威胁，国际标准化组织（ISO）对开放系统互连环境定义了以下几种威胁。

（1）伪装。威胁源成功地假扮成另一个实体，然后滥用这个实体的权利。

（2）非法连接。威胁源以非法的手段编造合法的身份，在网络实体与网络资源之间建立非法连接。

（3）非授权访问。威胁源成功地破坏访问控制服务，如修改访问控制文件的内容，实现了越权访问。

（4）拒绝服务。威胁源阻止合法的网络用户或其他合法权限的执行者使用某项服务。

（5）抵赖。网络用户虚假地否认递交过信息或接收到信息。

（6）信息泄露。未经授权的实体获取到传输中或存放着的信息，造成泄密。

（7）通信量分析。威胁源观察通信协议中的控制信息，或对传输过程中信息的长度、频率、源及目的进行分析。

（8）无效的信息流。威胁源对正确的通信信息序列进行非法修改、删除或重复，使之变成无效信息。

（9）篡改或破坏数据。威胁源对传输中或存放着的数据进行有意的非法修改或删除。

（10）推断或演绎信息。由于统计数据中包含原始的信息踪迹，非法用户利用公布的统计数据推导出信息的来源。

（11）非法篡改程序。威胁源破坏操作系统、通信软件或应用程序。

以上所描述的种种威胁大多由人为造成，威胁源可以是用户，也可以是程序。除此之外，还有其他一些潜在的威胁，如电磁辐射引起的信息失密、无效的网络管理等。

9.1.2 计算机网络面临的安全攻击

1. 安全攻击的形式

计算机网络的主要功能之一是通信，信息在网络中的流动过程有可能受到中断、截取、修改或捏造等形式的安全攻击。

（1）“中断”是指破坏者采取物理或逻辑方法中断通信双方的正常通信，如切断通信线路、禁用文件管理系统等。

（2）“截取”是指未授权者非法获得访问权，截获通信双方的通信内容。

（3）“修改”是指未授权者非法截获通信双方的通信内容后进行恶意篡改。

（4）“捏造”是指未授权者向系统中插入伪造的对象，并传输欺骗性消息。

信息在网络中正常流动和受到安全攻击的示意如图9-1所示。

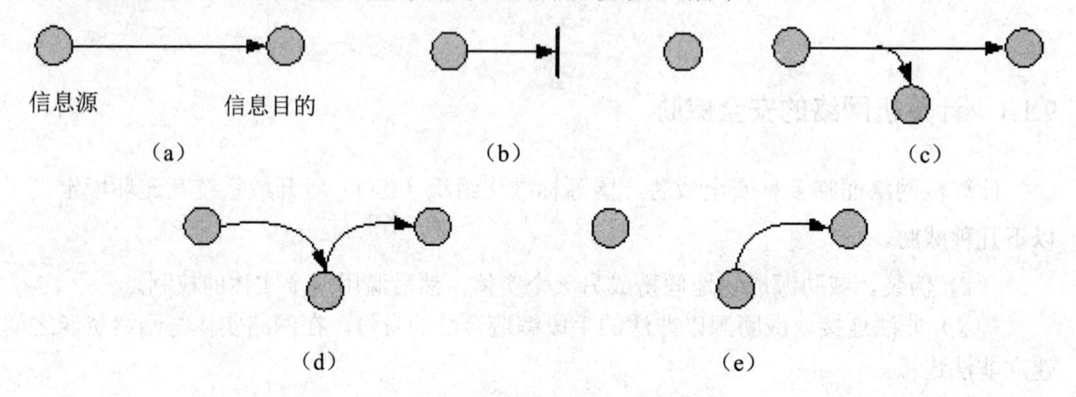

图 9-1 信息在网络中流动的示意图

（a）正常流动；（b）中断；（c）截取；（d）修改；（e）捏造

2. 主动攻击与被动攻击

上述四种对网络的安全威胁可被划分为被动攻击和主动攻击两大类。

（1）被动攻击的特点是偷听或监视传输，目的是获得正在传输的信息。被动攻击因为不改变数据很难被检测到，处理被动攻击的重点是预防。截取属于被动攻击。

（2）主动攻击涉及到对数据的修改或创建。主动攻击比被动攻击容易检测，但很难完全预防，处理主动攻击的重点应该是检测。主动攻击包括中断、修改和捏造。

9.2　计算机网络安全体系

1989年，为实现开放系统互连环境下的信息安全，国际标准化组织ISO/TC97技术委员会制定了ISO 7498-2国际标准。ISO 7498-2从体系结构观点的角度描述了实现OSI参考模型之间的安全通信所必须提供的安全服务和安全机制，建立了开放系统互连标准的安全体系结构框架，为网络安全的研究奠定了基础。

9.2.1　安全服务

ISO 7498-2提供了以下五种可供选择的安全服务。

1. 身份认证

身份认证是访问控制的基础，是针对主动攻击的重要防御措施。身份认证必须做到准确无误地将对方辨别出来，同时还应该提供双向认证，即互相证明自己的身份。网络环境下的身份认证更加复杂：身份验证一般通过网络进行而非直接交互进行，身份验证的常规方式（如指纹）在网络中已不适用；此外，大量黑客随时随地都可能尝试向网络渗透，截获合法用户密码，并冒名顶替以合法身份入网。因此，需要采用高强度的密码技术来进行身份认证。

2. 访问控制

访问控制的目的是控制不同用户对信息资源的访问权限，是针对越权使用资源的防御措施。访问控制可分为自主访问控制和强制访问控制两类。实现机制可以是基于访问控制属性的访问控制表（或访问控制矩阵），也可以是基于安全标签、用户分类及资源分档的多级控制。

3. 数据加密

数据加密是常用的保证通信安全的手段，但由于计算机技术的发展，使得传统的加密算法不断地被破译，相关技术人员不得不开发更高强度的加密算法，如目前的DES算法、公开密钥加密算法等。

4. 数据完整性

数据完整性是针对非法篡改信息、文件及业务流而设置的防范措施。也就是说，应防止网上所传输的数据被修改、删除、插入、替换或重发，从而保护合法用户接收和使用数据的真实性。

5. 防止否认

接收方要求发送方保证不能否认接收方收到的信息是发送方发出的信息，而非他人冒名发出、篡改过的信息；发送方也要求接收方不能否认已经收到的信息。防止否认是针对对方进行否认的防范措施，用来证实已经发生过的操作。

9.2.2 安全机制

ISO 7498-2除了为网络提供安全服务外，也为网络提供相应的安全机制。安全机制可被分为两大类，一类与安全服务有关，一类与管理有关。

1. 与安全服务有关的安全机制

与安全服务有关的安全机制包括以下内容。

（1）加密机制。加密机制用来加密存放着的数据或数据流，可单独使用，也可和其他机制结合起来使用。

（2）数字签名机制。数字签名机制包含对信息进行数字签名的过程和对已签名信息进行证实的过程。

（3）访问控制机制。访问控制机制根据实体的身份及其有关信息来决定该实体的访问权限，即按照事先规定好的规则，决定主体对客体的合法性访问，如验证主体的身份标识、口令、安全标记、访问次数、访问路线等。

（4）数据完整性机制。数据完整性机制是验证信息在通信过程中是否被改变过的机制。

（5）认证交换机制。认证交换机制通过信息交换的方式来确认身份，进而实现同级之间的认证。如发送方发出一个口令，接收方检验是否合法。

（6）路由控制机制。为保证网络安全，信息的发送方可以选择一条特殊的路由来发送信息，此路由可以预先安排，也可以动态选择。

（7）业务流填充机制。业务流填充机制通过填充冗余的业务流来隐藏真实的流量，从而防止攻击者通过业务流量进行分析，截取或破坏信息。

（8）公证机制。为防止通信双方在通信过程中出现争端，需要一个第三方——公证机构来提供相应的公证服务和仲裁。公证机制基于通信双方对第三方的绝对信任，既可以防止接收方伪造签字，或否认收到过发给它的信息，又可揭露发送方对所签字信息的抵赖。

2. 与管理有关的安全机制

与管理有关的安全机制包括以下三个方面。

（1）安全标记机制。安全标记机制通常为传输中的数据做一个合适的标记，以标明

其在安全方面的敏感程度或保护级别。

（2）安全审核机制。安全审核机制探测并查明与安全有关的事件，同时向上报告。

（3）安全恢复机制。安全恢复机制是安全性受到破坏后所采取的恢复措施。安全恢复机制按照一定的规则（临时的、立即的、长期的）完成恢复工作，建立起具有一定模式的正常安全状态。

9.2.3 安全体系结构模型

OSI安全体系结构是按层次来实现安全服务的，需要为OSI参考模型的七个不同层次提供不同的安全机制和安全服务。对应的网络安全服务层次模型中每层提供的安全服务是可以选择的，并且每层提供的安全服务的重要性也不完全相同。

例如，物理层要保证通信线路的可靠；数据链路层通过加密技术保证通信链路的安全；网络层通过增加防火墙等措施保护内部的局域网不被非法访问；传输层保证端到端传输的可靠性；高层可通过权限、密码等设置，保证数据传输的完整性、一致性及可靠性。网络安全服务层次模型的具体内容如表9-1所示。

表 9-1 网络安全服务层次模型的具体内容

OSI 参考模型中的层	对应的网络安全服务层次模型的内容
应用层	身份认证、访问控制、数据保密、数据完整
表示层	
会话层	
传输层	端到端的数据加密
网络层	防火墙、IP 安全
数据链路层	相邻节点的数据加密
物理层	安全物理信道

9.3 数据加密技术

数据加密技术的产生由来已久，随着数字技术、信息技术、网络技术的发展，数据加密技术也在不断发展。本节主要讲解几种数据加密技术。

9.3.1 传统加密技术

一个密码体制是满足以下条件的五元组（p，e，K，ε，D）。

（1）p表示所有可能的明文组成的有限集。

（2）e表示所有可能的密文组成的有限集。

（3）K表示密钥空间，是由所有可能的密钥组成的有限集。

对任意的$k \in K$，都存在一个加密法则$e_k \in \varepsilon$和相应的解密法则$d_k \in D$，并且对每一$e_k : p \to e$和$d_k : e \to p$，对任意的明文$x \in p$，均有$d_k\left[e_k(x)\right] = x$。

1. 移位密码

移位密码（Shift Cipher）的基础是数论中的模运算，其密码体制如下。

令$p = e = k = Z_{26}$。对$0 \leqslant k \leqslant 25$，任意$x$，$y \in Z_{26}$，定义

$$e_k(x) = (x + k) \bmod 2 \text{ 及 } d_k(y) = (y - k) \bmod 26$$

注意：若取$K=3$，则此密码体制通常被称为“凯撒密码”（Caesar Cipher），因为它首先为儒勒·凯撒所使用。

a	b	c	d	e	f	g	h	i	j	k	l	m
0	1	2	3	4	5	6	7	8	9	10	11	12
n	o	p	q	r	s	t	u	v	w	x	y	z
13	14	15	16	17	18	19	20	21	22	23	24	25

【例】假设移位密码的密钥$k=11$，明文为：

wewillmeetatmidnight

首先，将明文中的字母对应于其相应的整数，得到如下数字串：

w	e	w	i	l	l	m	e	e	t
22	4	22	8	11	11	12	4	4	19
a	t	m	i	d	n	i	g	h	t
0	19	12	8	3	13	8	6	7	19

然后，将每一个数都与11相加，再对其和取模26运算，可得：

7	15	7	19	22	22	23	15	15	4
11	4	23	19	14	24	19	17	18	4

最后，再将其转换为相应的字母：

H	P	H	T	W	W	X	P	P	E
7	15	7	19	22	22	23	15	15	4
L	E	X	T	O	Y	T	R	S	E
11	4	23	19	14	24	19	17	18	4

即得密文如下：

HPHTWWXPPELEXTOYTRSE

要对密文进行解密，只需执行相应的逆过程即可。首先将密文转换为数字，再用每个数字减去11后取模26运算，最后将相应的数字再转换为字母，即可得明文。

【注意】以上例子中，使用小写字母来表示明文，而使用大写字母来表示密文。后面仍然使用这种规则。

一个实用的加密体制应该满足某些特性，显然以下两点必须满足。

（1）加密函数 e_k 和解密函数 d_k 都应该易于计算。

（2）对任何对手来说，即使获得了密文y，也不可能由此确定出密钥K或明文x。

第二点关于“安全”的要求有些模糊不清。在已知密文y的情形下，试图得到密钥K的过程，被称为“密码分析”。要注意，如果能获得密钥K，则解密密文y即可得到明文x。因此，通过密文y计算密钥K，至少要和通过密文y计算明文一样困难。

移位密码（模26）是不安全的，可用穷尽密钥搜索方法来破译。因为密钥空间太小，只有26种可能的情况，所以可以穷举所有可能的密钥，得到所希望的有意义的明文。

2. 代换密码

另一个比较有名的古典密码体制是代换密码（Substitution Cipher），这种密码体制已经使用了数百年。报纸上的数字猜谜游戏就是代换密码的一个典型例子，其密码体制如下。

令 $p = e = Z_{26}$。K由26个数字0，1，…，25的所有可能置换组成。对任意的置换 $\pi \in K$，定义 $e_{\pi}(x) = \pi(x)$。

再定义 $d_{\pi}(y) = \pi^{-1}(y)$，这里 π^{-1} 表示置换π的逆置换。

事实上，在代换密码中也可以认为p和e是26个英文字母。在移位密码中使用 Z_{26}，是因为加密和解密都是代数运算。但是在代换密码中，可更简单地将加密和解密过程直接看作是一个字母表上的置换。

任取一置换π，便可得到一加密函数，如下（同前，小写字母表示明文，大写字母表示密文）。

a	b	c	d	e	f	g	h	i	j	k	l	m
X	N	Y	A	H	P	O	G	Z	Q	W	B	T
n	o	p	q	r	s	t	u	v	w	x	y	z
S	F	L	R	C	V	M	U	E	K	J	D	I

按照以上列示应有 $e_\pi(a)=X$ 、$e_\pi(b)=N$ 等。解密函数是相应的逆置换，如下给出。

A	B	C	D	E	F	G	H	I	J	K	L	M
d	l	r	y	v	o	h	e	z	x	w	p	t
N	O	P	Q	R	S	T	U	V	W	X	Y	Z
b	g	f	j	q	n	m	u	s	k	a	c	i

因此，得出 $d_\pi(A)=d$ 、$d_\pi(B)=l$ 等。

【例】使用解密函数解密下面的密文。

MGZVYZLGHCMHJMYXSSFMNHAHYCDLMHA

代换密码的一个密钥刚好对应于26个英文字母的一种置换。所有可能的置换有26！种，这个数值超过了4.0×10^{26}，是一个很大的数字。因此，采用穷尽密钥搜索方法，即使使用计算机，在计算上也是不可行的。但是采用别的密码分析方法，代换密码可以很容易地被攻击。

3. 维吉尼亚密码

在前面介绍的移位密码和代换密码中，一旦密钥被选定，则每个字母对应的数字都被加密变换成对应的唯一数字。这种密码体制一般被称为“单表代换密码”。维吉尼亚密码（Vigenere Cipher）是一种多表代换密码，其密码体制如下。

设m是一个正整数，定义 $p=e=k=(Z_{26})^m$ 。对任意的密钥$K=(k_1, k_2, \cdots, k_m)$，定义 e_k（x_1，x_2，…，x_m）＝（x_1+k_1，x_2+k_2，…，x_m+k_m）和 d_k（y_1，y_2，…，y_m）＝（y_1-k_1，y_2-k_2，…，y_m-k_m）

以上所有的运算都是在 Z_{26} 上进行的。

使用前面所述的方法，对应 $A\leftrightarrow 0, B\leftrightarrow 1, \cdots, Z\leftrightarrow 25$，则每个密钥$K$相当于一个长度为$m$的字母串（被称为“密钥字”）。维吉尼亚密码一次加密m个明文字母。

【例】假设$m=6$，密钥字为“CIPHER”，其对应于如下的数字串$K=$（2,8,15,7,4,17）。要加密的明文为：

thiscryptosystemisnotsecure

将明文串转换为对应的数字，每6个为一组，使用密钥字进行模26下的加密运算，如下所示。

明文	19	7	8	18	2	17	24	15	19	14	18	24	18	19
密钥字	2	8	15	7	4	17	2	8	15	7	4	17	2	8
密文	21	15	23	25	6	8	0	23	8	21	22	15	20	1
明文	4	12	8	18	13	14	19	18	4	2	20	17	4	
密钥字	15	7	4	17	2	8	15	7	4	17	2	8	15	
密文	19	19	12	9	15	22	8	25	8	19	22	25	19	

则相应的密文应该为：

VPXZGIAXIVWPUBTTMJPWIZITWZT

解密时，使用相同的密钥字进行逆运算即可。

可以看出，维吉尼亚密码的密钥空间大小为26^m，因此，即使m的值很小，使用穷尽密钥搜索方法也需要很长的时间。例如，当$m=5$时，密钥空间的大小超过1.1×10^7，这样的密钥量已经超出了使用手算进行穷尽搜索的能力范围。

在一个具有密钥字长度为m的维吉尼亚密码中，一个字母可以被映射为m个字母中的某一个（假定密钥字包含m个不同的字母）。这样的一个密码体制被称为“多表代换密码体制”。一般来说，多表代换密码比单表代换密码更为安全一些。

9.3.2　数据加密标准 DES 算法

数据加密标准（Data Encryption Standard，DES）是由IBM公司于20世纪70年代初开发的，于1997年被美国政府采用，后作为商业和非保密信息的加密标准被广泛地采用。

尽管该算法比较复杂，但易于实现。它只对小的分组进行简单逻辑运算，用硬件和软件实现起来比较容易，尤其是用硬件实现该算法的速度比较快。

1. DES 算法的描述

DES算法将信息分成64bits的分组，并使用56bits长度的密钥。它对每一个分组使用一种复杂的变位组合、替换，再进行异或运算和其他一些过程，最后生成64bits的加密数据。DES算法对每一个分组进行19步处理，每一步的输出是下一步的输入。如图9-2所示为DES算法的主要步骤。

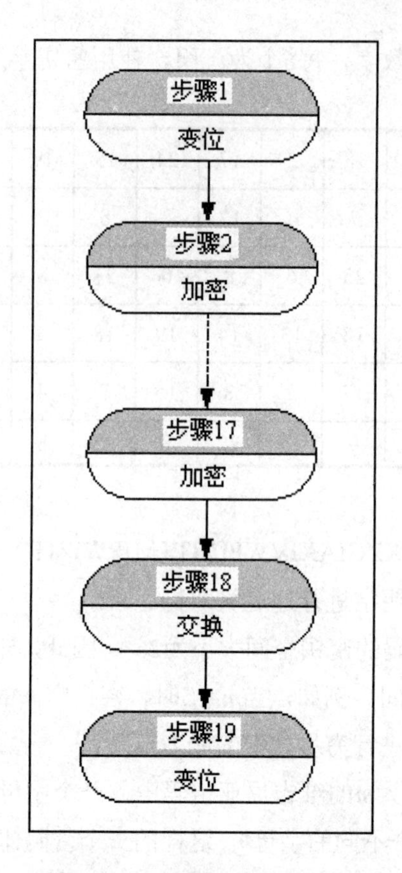

图 9-2 DES 算法的主要步骤

步骤1：对64bits数据和56bits密钥进行变位。

步骤2～17：除使用源于原密钥的不同密钥外，每一步的运算过程都相同，包括很多操作（共16步，如图9-3所示）。

图9-3中的符号说明如下。

C_{64}：64bits的待加密的信息。

K_{56}：56bits的密钥。

L_{32}：C_{64}的前32bits。

R_{32}：C_{64}的后32bits。

其他带下标的字母中的下标都表示比特数，如 X_{48} 表示处理过程中 48bits 的中间比特串。

步骤18：将前32bits与后32bits进行交换。

步骤19：是第1步的逆过程，进行另一个变位。

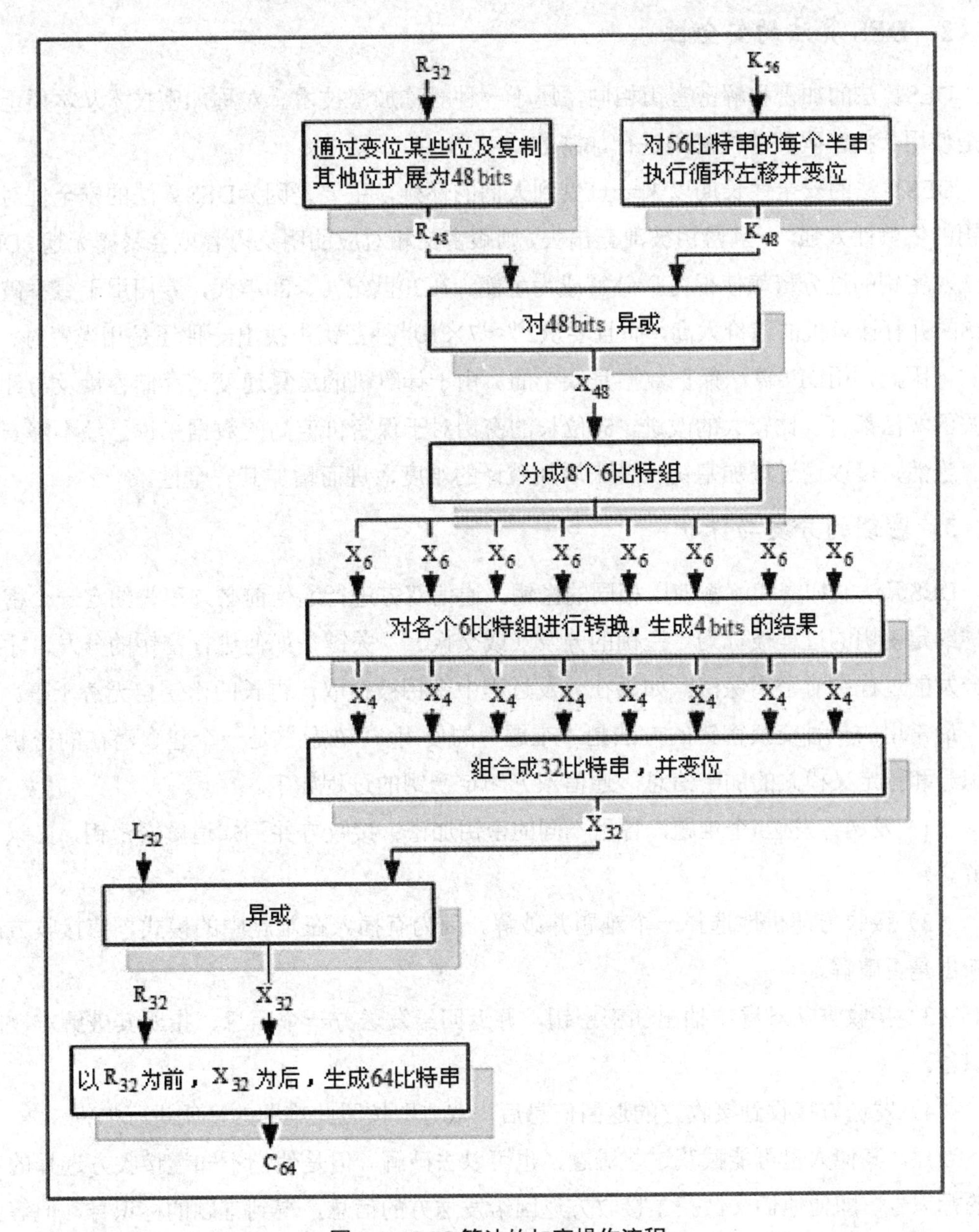

图 9-3　DES 算法的加密操作流程

在每一步中，密钥先移位，再从56bits的密钥中选出48bits。数据后32bits扩展为48bits，并与经过移位和置换的48bits密钥进行一次异或操作，其结果通过8组（每组6bits）输出，将这48bits数据替换成新的32bits数据，再将其变位一次，生成32比特串X_{32}。X_{32}与前半部分的32bits进行异或运算，其结果即成为新的后半部分的32bits，原来的后半部分的32bits成为新的前半部分。将该操作重复16次，就实现了DES的16轮“加密”运算。

经过精心设计，DES的解密和加密可使用相同的密钥和相同的算法，二者的唯一不同之处是密钥的次序相反。

2. DES算法的安全性

DES算法的加密和解密密钥相同，属于一种对称加密技术。对称加密技术从本质上说都是使用代换密码和移位密码进行加密的。

DES算法的安全性长期以来一直受到人们的怀疑，主要是因为DES算法的安全性对于密钥的依赖性太强，一旦密钥被泄露出去，则跟密文相对应的明文内容就会暴露无遗。DES算法对密钥的过分依赖使得穷举破解成为可能。在20世纪70、80年代，专门用于穷举破译DES的并行计算机的造价太高，而且要从$2^{56}\approx7\times10^{16}$种密钥中找出一种还是相当费时、费力的，因此，用DES算法保护数据是安全的。由于计算机的运算速度、存储容量及与计算相关的算法都有了比较大的改进，56位长的密钥对于保密价值高的数据来说已经不够安全了。当然，可以通过增加密钥长度来增加破译的难度，进而增加其安全性。

3. 密钥的分发与保护

DES算法的加密和解密使用相同的密钥，通信双方进行通信前必须事先约定一个密钥，这种约定密钥的过程被称为“密钥的分发（或交换）”。关键是如何进行密钥的分发，才能在分发的过程中对密钥保密。如果在分发过程中密钥被窃取，再长的密钥也无济于事。

最常用的一种交换密钥的方法是“难题”的使用。“难题”是一个包含潜在的密钥、标识号和预定义模式的加密信息。通信双方约定密钥的过程如下。

（1）发送方发送n个难题，各用不同的密钥加密；接收方并不知道解密密钥，必须去破解。

（2）接收方随机地选择一个难题并破解。因为有插入在难题中的模式，使接收方能判断出是否破解。

（3）接收方从难题中抽出加密密钥，并返回给发送方一个信息，指明其破解难题的标识号。

（4）发送方接收到接收方的返回信息后，双方即按照此难题的密钥进行加密。

当然，其他人也可能截获这些难题，也可以去破解。但是他们不知道接收方选择的难题的标识号，即便他们又截获了接收方返回给发送方的信息，得到难题的标识号，但等到他们破解以后，通信双方的通信过程可能已经结束了。

还有其他的密钥分发和保护的方法，在此不再赘述。

4. 三重数据加密算法

三重数据加密算法（Triple Data Encryption Algorithm，TDEA）在1985年第一次为金融应用进行了标准化，在1999年被合并到数据加密标准中。

TDEA使用三个密钥，按照加密→解密→加密的次序执行三次DES算法。加密、解密的过程分别如图9-4（a）、图9-4（b）所示。

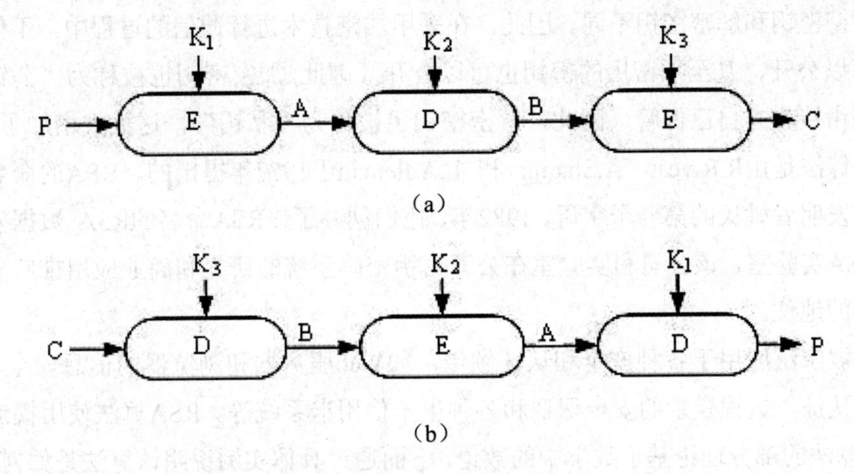

图9-4 TDEA加密、解密过程

(a) 加密过程；(b) 解密过程

P—明文 C—密文 E—使用密钥 K_n—加密、解密 D—使用密钥

TDEA三个不同密钥的总有效长度为168bits，加强了算法的安全性。

5. 国际数据加密算法

TDEA算法增加了密钥长度，加强了安全性，但同时也带来了在软件中的实现速度变慢的问题。另外，TDEA算法是基于DES算法的，因此，仍然是以64比特块为基准，安全性存在一定的局限性。

美国国家标准与技术协会（National Institute of Standards and Technology，NIST）于1997年发出号召，寻求新的高级加密算法标准（Advanced Encryption Standard，AES），要求其安全性等同于或高于TDEA，但效率应大大提高，并要求是块长度为128bits的加密算法，支持128、192和256bits长度的密钥。

由瑞士联邦理工学院研制的国际数据加密算法（International Data Encryption Algorithm，IDEA）是用来替代DES的许多算法中的较成功的一种。

IDEA使用128bits密钥，以64bits分组为单位进行加密。IDEA的设计考虑到通过硬件或软件都能方便地实现：通过使用超大规模集成电路的硬件实现加密具有速度快的特点，而如果通过软件实现则具有灵活及价格便宜的特点。

IDEA算法通过8次循环和1次变换函数共九部分组成，每一部分都将64bits分成4个16bits的组。每个循环使用6个16bits的子密钥，最后的变换也使用4个子密钥，因此，共使用52个子密钥，这些子密钥都是从128bits的密钥中产生的。

9.3.3 公开密钥加密算法RSA

公开密钥加密算法RSA展现了密码应用中的一种崭新的思想。RSA采用非对称加密算法，即加密密钥和解密密钥不同。因此，在采用加密技术进行通信的过程中，不仅加密算法本身可以公开，甚至加密用的密钥也可以公开（因此,加密密钥也被称为“公钥”），而解密密钥由接收方自己保管（因此，解密密钥也被称为“私钥”），这大大增加了保密性。

RSA算法是由R.Rivest、A.Shamir 和 L.Adleman于1977年提出的。RSA的命名就来自于这三位发明者姓氏的第一个字母。1982年，他们创办了以RSA命名的RSA 数据安全有限公司和RSA实验室，该公司和实验室在公开密钥密码系统的研究和商业应用推广方面占有举足轻重的地位。

RSA被广泛应用于各种安全和认证领域，如Web服务器和浏览器的信息安全、E-mail的安全和认证、远程登录的安全保证和各种电子信用卡系统等。RSA算法使用模运算和大数分解，算法的部分理论基于数学中的数论。下面通过具体实例说明该算法是如何工作的。为了简化起见，在该实例中仅考虑包含大写字母的信息，实际上该算法可以推广到更大的字符集。

1. RSA 算法的加密过程

RSA算法加密过程的具体步骤如下。

步骤1：为字母制定一个简单的编码，如A～Z分别对应1～26。选择一个足够大的数n，使n为两个大的素数（只能被1和自身整除的数）p和q的乘积。为便于说明，在此使用$n=p\times q=3\times 11=33$。

步骤2：找出一个数k，k与（$p-1$）×（$q-1$）互为素数。在此例中，选择$k=3$，与$2\times 10=20$互为素数，数字k就是加密密码。根据数论中的理论，这样的数一定存在。

步骤3：将要发送的信息分成多个部分，一般可以将多个字母分为一部分。在此例中将每一个字母作为一部分。若信息是“SUZAN”，则分为S、U、Z、A和N。

步骤4：将每个部分所有字母的二进制编码串接起来，并转换成整数。在此例中各部分的整数分别为19、21、26、1和14。

步骤5：将每个部分扩大到它的k次方，并使用模n运算，得到密文。在此例中分别为193 mod 33＝28，213 mod 33＝21，263 mod 33＝20，13 mod 33＝1和143 mod 33＝5。接收方收到的加密信息是28、21、20、1和5。

2. RSA 算法的解密过程

RSA算法解密过程的具体步骤如下。

步骤1：找出一个数k'，使得$k\times k'-1$能被（$p-1$）×（$q-1$）整除。k'的值就是解密密钥。在此例中选择$k'=7$，$3\times 7-1=20$，（$p-1$）×（$q-1$）$=20$，能整除。

步骤2：将每个密文扩大到它的k'次方，并使用模n运算，可得到明文。在此例中分别为287 mod 33＝19，217 mod 33＝21，207 mod 33＝26，17 mod 33＝1和 57 mod 33＝14。接收方解密后得到的明文的数字是19、21、26、1和14，对应的字母是S、U、Z、A和N。

为了清楚起见，将上述加密和解密过程用表9-2表示。

表 9-2　RSA 加密和解密过程

发送方计算机				接收方计算机		
明文		P^3	密文	E^7	解密	
符号	数值		P^3 mod 33		E^7 mod 33	符号
S	19	6 859	28	13 492 928 512	19	S
U	21	9 261	21	1 801 088 541	21	U
Z	26	17 576	20	1 280 000 000	26	Z
A	1	1	1	1	1	A
N	14	2 744	5	78 125	14	N

3. RSA 算法的安全性

RSA算法的加密过程要求n和k，解密过程要求n和k'。n和k以及算法都是公开的。在已知n和k的情况下，能否很容易或很快求出k'，是衡量RSA算法安全性的关键因素。

在已知n和k的情况下，求k'的关键是对n的因式分解，找出n的两个素数p和q。如果n的位数足够多，如200位，则上述操作是很困难的或者是相当费时的。因此，要保证RSA算法的安全性，就必须选择大的n，也就意味着密钥的长度要足够长。

密钥长度越长，安全性也就越高，但相应的计算速度也就越慢。由于高速计算机的出现，以前认为已经很具安全性的512位密钥长度已经不再满足人们的需要。密钥长度的标准是个人使用768位密钥，公司使用1 024位密钥，而一些非常重要的机构使用2 048位密钥。

9.3.4　对称和非对称数据加密技术的比较

对称数据加密技术和非对称数据加密技术的比较如表9-3所示。

表 9-3　对称数据加密技术和非对称数据加密技术的比较

技术 / 比较项目	对称数据加密技术	非对称数据加密技术
密码个数	1 个	2 个
算法速度	较快	较慢
算法对称性	对称，解密密钥可以从加密密钥中推算出来	不对称，解密密钥不能从加密密钥中推算出来
主要应用领域	数据的加密和解密	对数据进行数字签名、确认、鉴定、密钥管理和数字封装等
典型算法实例	DES 等	RSA 等

9.4 数据加密技术的应用

数据加密技术产生了数字签名、数字摘要、数字时间戳、数字信封和数字证书等多种应用。下面仅对数字签名、数字摘要和数字时间戳进行简单介绍。

9.4.1 数字签名

数字签名与传统方式的签名具有同样的功效，可以进行身份及当事人不可抵赖性的认证。数字签名（Digital Signature）采用公开密钥加密技术，是公开密钥加密技术应用的一个实例。数字签名使用两对公开密钥的加密/解密的密钥，将它们分别表示为（k，k'）和（j，j'）。其中，k 和 j 是公开的加密密钥，k' 和 j' 是只有一方知道的解密密钥，k' 是发送方的私钥，j' 是接收方的私钥。密钥对具有以下的性质。

$$E_k D_{k'}(P) = D_{k'} E_k(P) = P$$

以及

$$E_j D_{j'}(P) = D_{j'} E_j(P) = P$$

式中的P为明文。

从上述公式可以看出，对明文先加密再解密，仍然得到明文；同样对明文先解密再加密，也得到明文。如图9-5所示为利用两对加密/解密密钥进行数字签名的过程。

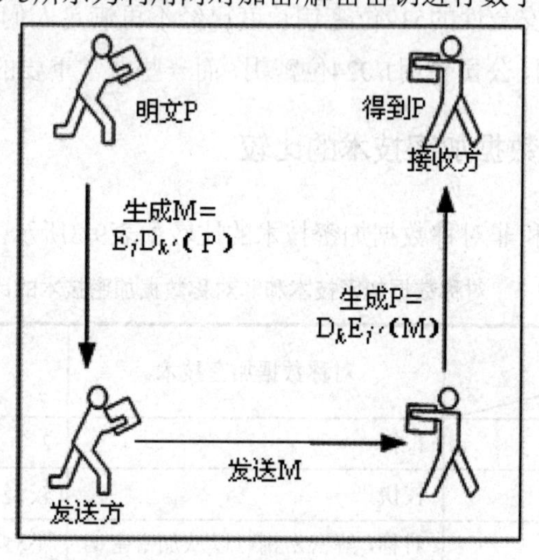

图 9-5 用两对密钥数字签名的过程

数据签名的具体步骤如下。

步骤1：发送方将明文P先用发送方的私钥解密，再用与接收方私钥相对应的公钥加密，生成M，将M发送给接收方。

步骤2：接收方接收到M后，先用接收方的私钥对M解密，得到 $D_{k'}(P)$，再用与发送

方的私钥相对应的公钥解密，得到明文P。

步骤3： 接收方将 $D_{k'}(P)$ 与P同时保存。

步骤4： 如果发送方对曾经发送过P抵赖或者认为接收方保存的P′（为了与发送方原始发送的P区别，暂时标为P′）被修改过，可以请第三方公证。

步骤5： 可将 $D_{k'}(P)$ 用与其相对应的公钥加密得到原始的P，与接收方保存的P′对照，如果相同则说明没被修改。同时，因为 $D_{k'}(P)$ 是用只有发送方知道的私钥进行的解密，因此，发送方不可抵赖。

9.4.2　数字摘要

在实际应用中，有些信息并不需要加密，但需要数字签名。上述介绍的数字签名的方法需要对传输的整个信息文档进行两次加密/解密，这就需要占用较多的时间，并且混淆了提供安全保护和鉴别之间的区别。可以使用数字摘要（Digital Digest）的方法，将整个信息文档与唯一的、固定长度（28位）的值（数字摘要）相对应，然后只要对数字摘要进行加密就可以达到身份认证和不可抵赖的效果。数字摘要一般通过使用散列函数（Hash函数）获得。

1. 散列函数满足的条件

散列函数应具备下列条件。

（1）若P是任意长度的信息或文档，H就是将文档与唯一的固定长度的值相对应的函数，写成数学形式为：H（P）＝V（数字摘要）。

（2）由V不能发现或得出P。

（3）对于不同的P，不能得出相同的V；对于同一个P，只能得出唯一的V，就如同人的指纹。

2. 采用散列函数的数字签名的过程

采用散列函数的数字签名的过程如下。

步骤1： 发送方将发送文档P，通过散列函数求出数字摘要，V＝H（P）。

步骤2： 发送方用自己的私钥对数字摘要加密，产生数字签名 $E_{k}(V)$。

步骤3： 发送方将明文P和数字签名 $E_{k}(V)$ 同时发送给接收方。

步骤4： 接收方用公钥对数字签名解密，同时对接收到的明文P用散列函数H产生另一个数字摘要。

步骤5： 将解密后的数字摘要与用散列函数产生的另一个数字摘要相比较，若一致则说明P在传输过程中未被修改。

步骤6： 接收方保存明文P和数字签名。

步骤7：如果发送方否认所发送的P或怀疑P被修改过，可以用与数字签名相同的方法达到身份认证及不可抵赖的效果。

如图9-6所示为采用散列函数的数字签名的过程。

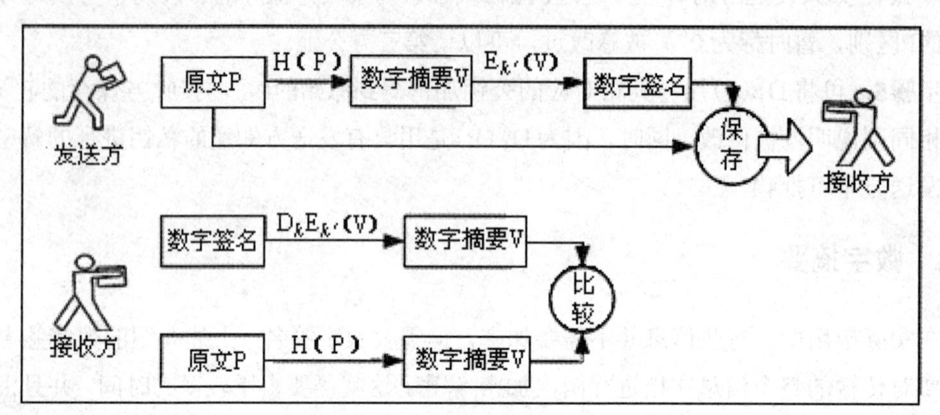

图 9-6　采用散列函数的数字签名的过程

9.4.3　数字时间戳

在实际应用中，某些情况下时间同样是十分重要的信息。数字时间戳能提供电子文件发表时间的安全保护。数字时间戳（Digital Time-Stamp，DTS）是一种网络安全服务项目，由专门的机构提供。实际上，数字时间戳是一个经加密后形成的凭证文档，它包括以下三个部分。

（1）需要数字时间戳的文件的摘要。

（2）数字时间戳收到文件的时间和日期。

（3）数字时间戳的数字签名。

数字时间戳产生的过程为：用户首先将需要加数字时间戳的文件用散列函数加密的形式求出数字摘要；然后将数字摘要发送到数字时间戳认证单位；该认证单位在收到的数字摘要文档中加入收到数字摘要的日期和时间信息，再对该文档加密（产生数字签名）；最后送回用户。

【注意】书面签署文件的时间是由签署人自己写上的，而数字时间戳则不同，它是由数字时间戳认证单位加入的，以该认证单位收到文件的时间为依据。

本章小结

本章主要讲述了计算机网络安全的基本知识、计算机网络安全体系、传统的加密技术及使用。本章知识点如下。

（1）计算机网络面临多种安全威胁：伪装、非法连接、非授权访问、拒绝服务、抵赖、信息泄露、通信量分析、无效的信息流、篡改或破坏数据、推断或演绎信息、非法篡改程序。

（2）安全攻击的形式有：中断、截取、修改或捏造等。

（3）ISO 7498-2提供了五种可供选择的安全服务；身份认证、访问控制、数据加密、数据完整性、防止否认。

（4）安全机制可被分为两大类，一类与安全服务有关，一类与管理有关。

（5）OSI安全体系结构是按层次来实现安全服务的，需要为OSI参考模型的七个不同层次提供不同的安全机制和安全服务。

（6）常用的数据加密技术主要有传统加密技术、数据加密标准DES算法、公开密钥加密算法RSA。

（7）数据加密技术产生了数字签名、数字摘要、数字时间戳、数字信封和数字证书等多种应用。

本章习题

一、选择题

1．如果m表示明文，c表示密文，E表示加密变换，D表示解密变换，则下列表达式中描述加密过程的是_______。

A．$c=E(m)$　　B．$c=D(m)$　　C．$m=E(c)$　　D．$m=D(c)$

2．RSA属于_______。

A．传统密码体制　　B．非对称密码体制

C．现代密码体制　　D．对称密码体制

3．DES中子密钥的位数是_______。

A．32　　B．48　　C．56　　D．64

4．防止发送方否认的方法是_______。

A．消息认证　　B．保密　　C．日志　　D．数字签名

5．用公钥密码体制签名时，应该用_______加密消息。

A．会话钥　　B．公钥　　C．私钥　　D. 共享钥

二、填空题

1．信息在网络中流动的过程有可能受到___________、___________、修改或捏造等

形式的安全攻击。

2．__________的加密和解密密钥相同，属于一种对称加密技术。

3．RSA是一种基于____________原理的公钥加密算法。

4．数字签名采用_______加密技术，_______是加密技术应用的一个实例。

5．___________是目前应用最广泛的安全传输协议之一。

三、简答题

1．网络安全面临的威胁主要有哪些？

2．说明防火墙技术的优、缺点。

3．移位密码的密钥$k=3$，明文是“meet me after the party”，密文是什么？

4．密文是“XPPE XP LQEPC ESP ALCEJ”，移位密码的密钥$k=11$，明文是什么？

5．维吉尼亚密码，假设$m=4$，密钥字“love”，密文为“XSZXXSVJESMXSSKECHT”，明文是什么？

6．请列出你熟悉的几种常用的网络安全防护措施。

第 10 章　网络地址转换技术

【本章导读】

网络地址转换（Network Address Translation，简称 NAT）属接入广域网（WAN）技术，是一种将私有（保留）地址转化为公有（合法）IP 地址的转换技术，它被广泛应用于各种类型 Internet 接入方式和各种类型的网络中。原因很简单，NAT 不仅完美地解决了 IP 地址不足的问题，而且还能够有效地避免来自网络外部的攻击，隐藏并保护网络内部的计算机。

【本章学习目标】

- 了解 NAT 的基本知识
- 掌握 NAT 的技术
- 掌握 NAT 的应用配置

10.1　NAT 的基本知识

NAT是一个IETF（Internet Engineering Task Force，Internet工程任务组）标准，允许一个整体机构以一个公用IP（Internet Protocol）地址出现在Internet上。它是一种把内部私有网络地址（IP地址）翻译成合法网络IP地址的技术。因此可以认为，NAT在一定程度上能够有效地解决公网地址不足的问题。

10.1.2　NAT 的分类

NAT有三种类型：静态NAT（Static NAT）、动态地址NAT（Pooled NAT）、网络地址端口转换NAPT（Port-Level NAT）。

其中，网络地址端口转换NAPT（Network Address Port Translation）则是把内部地址映射到外部网络的一个IP地址的不同端口上。它可以将中小型的网络隐藏在一个合法的IP地址后面。NAPT与动态地址NAT不同，它将内部连接映射到外部网络中的一个单独的IP地址上，同时在该地址上加上一个由NAT设备选定的端口号。

NAPT是使用最普遍的一种转换方式。它又包含两种转换方式：SNAT和DNAT。

（1）源NAT（Source NAT，SNAT）：修改数据包的源地址。源NAT改变第一个数据包的来源地址，它永远会在数据包发送到网络之前完成，数据包伪装就是一个SNAT的例子。

（2）目的NAT（Destination NAT，DNAT）：修改数据包的目的地址。Destination NAT刚好与SNAT相反，它是改变第一个数据包的目的地地址，如平衡负载、端口转发和透明代理就是属于DNAT。

10.1.3 NAT 的基本原理

NAT技术通过对IP报文头中的源地址或目的地址进行转换，可以使大量的私网IP地址通过共享少量的公网IP地址来访问公网。

NAT是将IP数据报文报头中的IP地址转换为另一个IP地址的过程，主要用于实现内部网络（私有IP地址）访问外部网络（公有IP地址）的功能。从实现上来说，一般的NAT转换设备（实现NAT功能的网络设备）都维护着一张地址转换表，所有经过NAT转换设备并且需要进行地址转换的报文，都会通过这个表做相应的修改。

地址转换的机制分为如下两个部分。

（1）内部网络主机的IP地址和端口转换为NAT转换设备外部网络地址和端口。

（2）外部网络地址和端口转换为NAT转换设备内部网络主机的IP地址和端口。

也就是＜私有地址＋端口＞与＜公有地址＋端口＞之间相互转换。

NAT转换设备处于内部网络和外部网络的连接处。内部的PC与外部服务器的交互报文全部通过该NAT转换设备。常见的NAT转换设备有路由器、防火墙等。

10.1.4 NAT 的优点和缺点

NAT技术除了可以实现地址复用，节约宝贵IP地址资源的优点外，还有其他一些优点，NAT技术的发展，也不断吸收先进的理念，总的来说，NAT的优点和不足如下。

1. NAT 的优点

NAT的优点主要有以下几个。

（1）可以使一个局域网中的多台主机使用少数的合法地址访问外部的资源，也可以设定内部的WWW、FTP、Telnet等服务提供给外部网络使用，解决了IP地址日益短缺的问题。

（2）对于内外网络用户，感觉不到IP地址转换的过程，整个过程对于用户来说是透明的。

（3）对内网用户提供隐私保护，外网用户不能直接获得内网用户的IP地址、服务

等信息，具有一定的安全性。

（4）通过配置多个相同的内部服务器的方式可以减小单个服务器在大流量时承受的压力，实现服务器负载均衡。

2. NAT 的不足

NAT的不足主要有以下几个。

（1）由于需要对数据报文进行IP地址的转换，涉及IP地址的数据报文的报头不能被加密。在应用协议中，如果报文中有地址或端口需要转换，则报文不能被加密。例如，不能使用加密的FTP连接，否则FTP的port命令不能被正确转换。

（2）网络监管变得更加困难。例如，如果一个黑客从内网攻击公网上的一台服务器，那么要想追踪这个攻击者很难。因为在报文经过NAT转换设备的时候，地址经过了转换，不能确定哪台才是黑客的主机。

10.2 NAT 技术

10.2.1 基于源 IP 地址 NAT 技术

基于源IP地址的NAT是指对发起连接的IP报文头中的源地址进行转换。它可以实现内部用户访问外部网络的目的。通过将内部主机的私有地址转换为公有地址，使一个局域网中的多台主机使用少数的合法地址访问外部资源，有效地隐藏了内部局域网的主机IP地址，起到了安全保护的作用。由于一般内网区域的安全级别比外网高，所以这种应用又称为NAT Outbound。

1. 基于源 IP 地址转换的配置

基于源IP地址转换的配置命令行如下。

在系统视图下，配置NAT地址池：

nat address-group group-number [group-name] start-address end-address

在系统视图下，进入域间NAT策略视图：

nat-policyinterzone zone-name1 zone-name2 {inbound | outbound}

创建NAT策略，进入策略ID视图：

policy [policy-id]

Policy　source { source-address source-wildcard |……}

Policy　destination { source-address source-wildcard |……}

Policy service service-set {service-set-name}

action { source-nat |no-nat}

Address-group {number | name}**no-pat**

2. NAT 地址池

NAT地址池是一些连续的IP地址集合，当来自私网的报文通过地址转换到公网IP时，将会选择地址池中的某个地址作为转换后的地址。

创建NAT地址池的命令为：

nataddress-groupgroup-number[*group-name*]*start-addressend-address* **vrrp***virtual-router-ID*]

例：nat address-group 0 pool0 192.168.1.1 192.168.1.100

10.2.2 基于目的 IP 地址 NAT 技术

内部服务器（Nat Server）功能是使用一个公网地址来代表内部服务器对外地址。在防火墙上，专门为内部的服务器配置一个对外的公网地址来代表私网地址。对于外网用户来说，防火墙上配置的外网地址就是服务器的地址。

外部用户访问内部服务器时，有如下两部分操作。

（1）防火墙将外部用户的请求报文的目的地址转换成内部服务器的私有地址。

（2）防火墙将内部服务器的回应报文的源地址（私网地址）转换成公网地址。

NAT Server是最常用的基于目的地址的NAT。当内网部署了一台服务器，其真实IP是私网地址，但是希望公网用户可以通过一个公网地址来访问该服务器，这时可以配置NAT Server，使设备将公网用户访问该公网地址的报文自动转发给内网服务器。

基于NAT Server的配置命令如下。

在系统视图下：

natserver [id] protocol protocol-type global {global-address [global-address-end] | interface interface-type interface-number } inside host-address [host-address-end] [vrrp {virtual-router-id | master | slave }] [no-reverse]

例：nat server protocol tcp global 202.202.1.1 inside 192.168.1.1 www

针对配置NAT Server ，有以下不同类型。

对所有安全区域发布同一个公网IP，即这些安全区域的用户都可以通过访问同一个公网IP来访问内部服务器。

与发布不同的公网IP相比，发布同一个公网IP地址时多了个参数*no-reverse*。配置不

带*no-reverse*参数的**nat server**后，当公网用户访问服务器时，设备能将服务器的公网地址转换成私网地址；同时，当服务器主动访问公网时，设备也能将服务器的私网地址转换成公网地址。

参数*no-reverse*表示设备只将公网地址转换成私网地址，不能将私网地址转换成公网地址。当内部服务器主动访问外部网络时需要执行outbound的nat策略，引用的地址池里必需是nat server配置的公网IP地址，否则反向NAT地址与正向访问的公网IP地址不一致，会导致网络连接失败。

多次执行带参数*no-reverse*的**nat server**命令，可以为该内部服务器配置多个公网地址；未配置参数*no-reverse*则表示只能为该内部服务器配置一个公网地址。

针对不同的安全区域发布不同的公网IP，即不同安全区域的用户可以通过访问不同的公网IP来访问内部服务器。适用于内部服务器向不同的运营商网络提供服务，且在每个运营商网络都拥有一个公网IP的情况。

10.2.3　双向 NAT 技术

双向NAT应用场景的通信双方访问对方的时候目的地址都不是真实的地址，而是NAT转换后的地址。而outbound方向、inbound方向、内部服务器等应用都是只是针对某一方来进行地址转换。

一般来说，内网属于高优先级区域，外网属于低优先级区域。当低优先级安全区域的外网用户访问内部服务器的公网地址时，会将报文的目的地址转换为内部服务器的私网地址，但内部服务器需要配置到该公网地址的路由。

如果要避免配置到公网地址的路由，则可以配置从低优先级安全区域到高优先级安全区域方向的NAT，即Inbound方向的NAT。同一个安全区域内的访问作NAT，则需要配置域内NAT功能。

双向NAT有以下两种应用场景。

（1）NAT Serve＋NAT Inbound。

（2）NAT Server＋域内NAT。

10.3　NAT 应用配置

10.3.1　NAT 配置

本例中有1台华为防火墙，2根双绞线，IP地址规划和接口互联按照拓扑图连接，设备的接口编号及IP编址如图10-1所示。

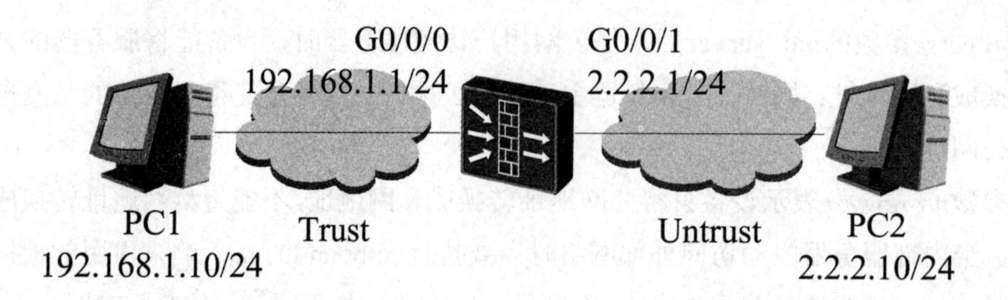

图 10-1　NAT outbound 拓扑图

1. 配置步骤

（1）配置PC1和PC2的IP地址分别为192.168.1.10/24和2.2.2.10/24。

（2）设置防火墙GE0/0/0和GE0/0/1的IP地址。

```
[USG]interface GigabitEthernet 0/0/0
[USG-GigabitEthernet0/0/0]ip address 192.168.1.1 255.255.255.0
[USG-GigabitEthernet0/0/0]quit
[USG]interface GigabitEthernet 0/0/1
[USG-GigabitEthernet0/0/1]ip address 2.2.2.1 255.255.255.0
[USG-GigabitEthernet0/0/1]quit
[USG]
```

（3）将接口加入防火墙安全区域（GE0/0/0加入trust区域，GE0/0/1加入untrust区域）。

```
[USG]firewall zone trust                                    //……创建区域
[USG-zone-trust]add interface GigabitEthernet 0/0/0         //……加入区域
[USG-zone-trust]quit
[USG]firewall zone untrust
[USG-zone-untrust]add interface GigabitEthernet 0/0/1
[USG-zone-untrust]quit
```

（4）配置域间包过滤策略。

```
[USG]policy interzone trust untrust outbound   //……定义区间outbound策略
[USG-policy-interzone-trust-untrust-outbound-0]policy 0        //……转换的地址范围
[USG-policy-interzone-trust-untrust-outbound-0]action permit   //……开启转换
[USG-policy-interzone-trust-untrust-outbound-0]policy source 192.168.1.0 mask 24
```

（5）配置NAT地址池，公网地址范围为2.2.2.2～2.2.2.5。

```
[USG]nat address-group 1 2.2.2.2 2.2.2.5              //……配置地址池包含转换地址
```

（6）配置NAT policy。

```
[USG]nat-policy interzone trust untrust outbound
[USG-nat-policy-interzone-trust-untrust-outbound]policy 1
[USG-nat-policy-interzone-trust-untrust-outbound-1]action source-nat   //……开启转换
[USG-nat-policy-interzone-trust-untrust-outbound-1]policy destination 2.2.2.10   0.0.0.255
[USG-nat-policy-interzone-trust-untrust-outbound-1]address-group 1//……绑定地址池
[USG-nat-policy-interzone-trust-untrust-outbound-1]policy source 192.168.1.10 0.0.0.255
[USG-nat-policy-interzone-trust-untrust-outbound-1]quit
[USG-nat-policy-interzone-trust-untrust-outbound]quit
```

2. 验证结果

查看nat-policy配置。

```
[USG]disnat-policy interzone trust untrust outbound
nat-policyinterzone trust untrust outbound
policy 1  （0 times matched）
action source-nat
policy service service-set ip
policy source 192.168.1.0 0.0.0.255
policy destination 2.2.2.0 0.0.0.255
address-group 1
```

从PC1 ping PC2地址。

```
PC1＞ping 2.2.2.10
Ping 2.2.2.10: 32 data bytes,   Press Ctrl_C to break
From 2.2.2.10: bytes＝32 seq＝1 ttl＝127 time＝79 ms
From 2.2.2.10: bytes＝32 seq＝2 ttl＝127 time＝31 ms
From 2.2.2.10: bytes＝32 seq＝3 ttl＝127 time＝94 ms
From 2.2.2.10: bytes＝32 seq＝4 ttl＝127 time＝62 ms
From 2.2.2.10: bytes＝32 seq＝5 ttl＝127 time＝94 ms
--- 2.2.2.10 ping statistics ---
  5 packet（s） transmitted
  5 packet（s） received
  0.00% packet loss
round-trip min/avg/max  ＝  31/72/94 ms
```

使用display firewall session table 命令查看NAT转换情况：

```
[USG]dis firewall session table                    //……查看转换结果
Current Total Sessions : 15
icmpVPN:public --> public 192.168.1.10:45346[2.2.2.5:45346]-->2.2.2.10:2048
icmpVPN:public --> public 192.168.1.10:45602[2.2.2.5:45602]-->2.2.2.10:2048
icmpVPN:public --> public 192.168.1.10:45858[2.2.2.5:45858]-->2.2.2.10:2048
icmpVPN:public --> public 192.168.1.10:46114[2.2.2.5:46114]-->2.2.2.10:2048
icmpVPN:public --> public 192.168.1.10:46370[2.2.2.5:46370]-->2.2.2.10:2048
```

可以看到，防火墙将源地址192.168.1.10转换成了NAT地址池中的2.2.2.5与PC2进行通信。

10.3.2 NAT Server & NAT Inbound 配置

本例中有1台华为防火墙，1台服务器，1台PC，2根双绞线，IP地址规划和接口互联按照拓扑图连接，设备的接口编号及IP编址如图10-2所示。

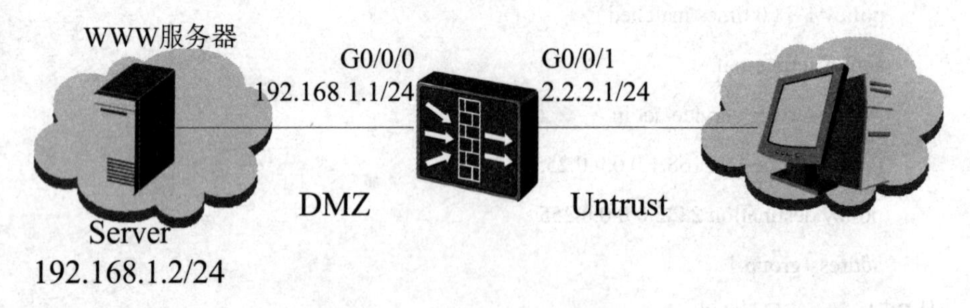

图 10-2 NAT Server & NAT Inbound 配置拓扑图

1. 配置步骤

（1）设置server地址和PC地址。

（2）设置防火墙GE0/0/0和GE0/0/1的IP地址。

```
[USG]interfaceGigabitEthernet 0/0/0
[USG-GigabitEthernet0/0/0]ip address 192.168.1.1 255.255.255.0
[USG-GigabitEthernet0/0/0]quit
[USG]interfaceGigabitEthernet 0/0/1
[USG-GigabitEthernet0/0/1]ip address 2.2.2.1 255.255.255.0
[USG-GigabitEthernet0/0/1]quit
[USG]
```

（3）将接口加入防火墙安全区域（GE0/0/0加入DMZ区域，GE0/0/1加入untrust区域）。

```
[USG]firewall zone DMZ                                   //……进入区域
```

```
[USG-zone-dmz]add interface GigabitEthernet 0/0/0        //......将端口加入
[USG-zone-dmz]quit
[USG]firewall zone untrust
[USG-zone-untrust]add interface GigabitEthernet 0/0/1
[USG-zone-untrust]quit
```

（4）配置域间包过滤策略。

```
[USG]policy interzone dmz untrust inbound
[USG-policy-interzone-dmz-untrust-inbound]policy 0
[USG-policy-interzone-dmz-untrust-inbound-0]policy destination 192.168.1.2 0.0.0.255
[USG-policy-interzone-dmz-untrust-inbound-0]policy service service-set ftp
[USG-policy-interzone-dmz-untrust-inbound-0]action permit
```

（5）配置NAT server。

```
[USG] nat server protocol tcp global 2.2.2.1 ftp inside 192.168.1.2 ftp
```

（6）配置NAT地址池。

```
[USG] nat address-group 1 192.168.1.10 192.168.1.20
```

（7）在DMZ与Untrust域间应用NAT ALG功能，使服务器可以正常对外提供FTP服务。

```
[USG] firewall interzone dmz untrust
[USG-interzone-dmz-untrust] detect ftp
[USG-interzone-dmz-untrust] quit
```

（8）创建DMZ区域和Untrust区域之间的NAT策略，确定进行NAT转换的源地址范围，并且将其与NAT地址池1进行绑定。

```
[USG] nat-policy interzone dmz untrust inbound
[USG-nat-policy-interzone-dmz-untrust-inbound] policy 0
[USG-nat-policy-interzone-dmz-untrust-inbound-0] policy source 2.2.2.0 0.0.0.255
[USG-nat-policy-interzone-dmz-untrust-inbound-0] action source-nat
[USG-nat-policy-interzone-dmz-untrust-inbound-0] address-group 1
[USG-nat-policy-interzone-dmz-untrust-inbound-0] quit
[USG-nat-policy-interzone-dmz-untrust-inbound] quit
```

2. 验证结果

使用命令display nat server查看NAT server对应情况：

```
[USG]dis nat server                          //......查看
```

```
Server in private network information:
id                    : 0
zone                  : ---
interface : ---
 global-start-addr : 2.2.2.4              global-end-addr     : ---
 inside-start-addr : 192.168.1.20         inside-end-addr     : ---
 global-start-port : ---                  global-end-port     : ---
insideport            : ---
globalvpn             : public            insidevpn           : public
protocol              : ---               vrrp                : ---
no-reverse            : no

Total      1 NAT servers
```

10.3.3 双出口 NAT 配置（基于 zone 的 NAT server＋双出口）

本例中有1台华为防火墙，1台服务器，2台PC，3根双绞线，IP地址规划和接口互联按照拓扑图连接，设备的接口编号及IP编址如图10-3所示。

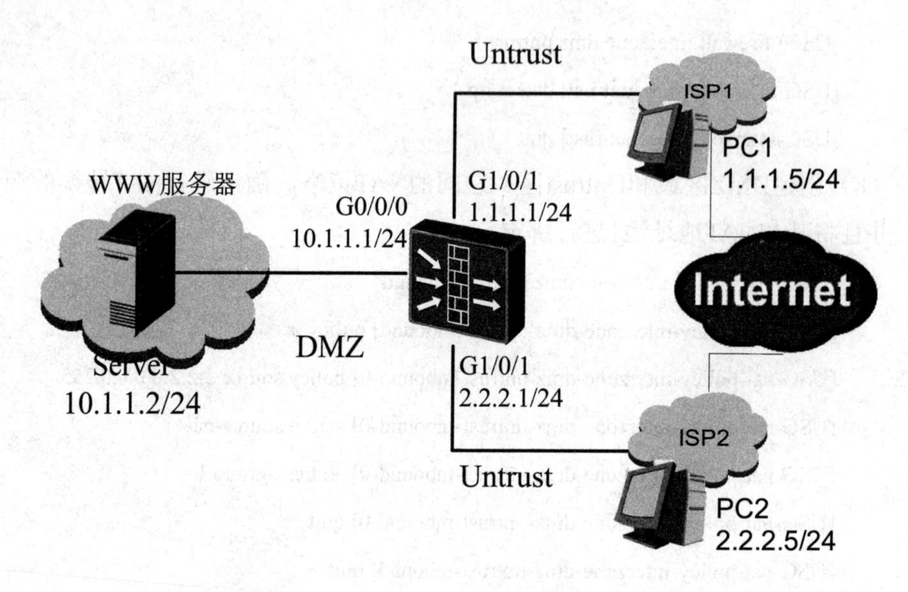

图 10-3　双出口 NAT 配置拓扑图

1. 实验步骤

（1）配置PC1、PC2和WWW服务器的IP地址。具体步骤省略。

（2）配置防火墙接口地址。

```
[USG]interface GigabitEthernet 0/0/0
[USG-GigabitEthernet0/0/0]ip address 10.1.1.1 255.255.255.0
[USG-GigabitEthernet0/0/0]quit
[USG]interface GigabitEthernet 0/0/1
[USG-GigabitEthernet0/0/1]ip address 1.1.1.1 255.255.255.0
[USG-GigabitEthernet0/0/1]quit
[USG]interface GigabitEthernet 0/0/2
[USG-GigabitEthernet0/0/2]ip address 2.2.2.1 255.255.255.0
[USG-GigabitEthernet0/0/2]quit
[USG]firewall zone dmz
[USG-zone-trust]add interface GigabitEthernet 0/0/0
[USG-zone-trust]quit
```

（3）创建两个新的安全区域并将GE0/0/1和GE0/0/2加入相应的安全区域。

```
[USG]firewall zone name ISP1                    //……创建区域
[USG-zone-isp1]set priority 10                  //……设置优先级
[USG-zone-isp1]add int GigabitEthernet 0/0/1    //……将端口加入区域
[USG-zone-isp1]quit
[USG]firewall zone name ISP2
[USG-zone-isp2]set priority 15
[USG-zone-isp2]add int GigabitEthernet 0/0/2
[USG-zone-isp2]quit
```

（4）配置相应的域间包过滤策略。

```
[USG] policy interzone dmz isp1 inbound
[USG-policy-interzone-dmz-isp1-inbound] policy 0
[USG-policy-interzone-dmz-isp1-inbound-0] policy destination 10.1.1.2 0
[USG-policy-interzone-dmz-isp1-inbound-0] policy service service-set http
[USG-policy-interzone-dmz-isp1-inbound-0] action permit
[USG-policy-interzone-dmz-isp1-inbound-0] quit
[USG-policy-interzone-dmz-isp1-inbound] quit
[USG] policy interzonedmz isp2 inbound
[USG-policy-interzone-dmz-isp2-inbound] policy 0
[USG-policy-interzone-dmz-isp2-inbound-0] policy destination 10.1.1.2 0
```

```
[USG-policy-interzone-dmz-isp2-inbound-0] policy service service-set http
[USG-policy-interzone-dmz-isp2-inbound-0] action permit
[USG-policy-interzone-dmz-isp2-inbound-0] quit
[USG-policy-interzone-dmz-isp2-inbound] quit
```

（5）配置内部服务器，对不同的安全区域发布不同的公网IP地址。

```
[USG] nat server zone isp1 protocol tcp global 1.1.1.2 inside 10.1.1.2
[USG] nat server zone isp2 protocol tcp global 2.2.2.2 inside 10.1.1.2
```

2. 验证结果

查看NAT Server。

```
[USG]display nat server
Server in private network information:
id                 : 0
zone               : isp1
interface          : ---
 global-start-addr : 1.1.1.1           global-end-addr    : ---
 inside-start-addr : 10.1.1.2          inside-end-addr    : ---
 global-start-port : 0（any）          global-end-port    : ---
insideport         : 0（any）
globalvpn          : public            insidevpn          : public
protocol           : tcpvrrp           : ---
no-reverse         : no

id                 : 1
zone               : isp2
interface          : ---
 global-start-addr : 2.2.2.1           global-end-addr    : ---
 inside-start-addr : 10.1.1.2          inside-end-addr    : ---
 global-start-port : 0（any）          global-end-port    : ---
insideport         : 0（any）
globalvpn          : public            insidevpn          : public
protocol           : tcpvrrp           : ---
no-reverse         : no
 Total    2 NAT servers
```

使用display firewall session table查看nat server转换情况：

```
[USG]dis firewall session table
09:29:38  2013/05/22
 Current Total Sessions : 11
icmpVPN:public --> public 10.1.1.1:52651-->10.1.1.2:2048
icmpVPN:public --> public 1.1.1.1:52907-->1.1.1.2:2048
icmpVPN:public --> public 2.2.2.1:53163-->2.2.2.2:2048
icmpVPN:public --> public 2.2.2.2:256-->10.1.1.2:2048
icmpVPN:public --> public 1.1.1.2:256-->10.1.1.2:2048
http  VPN:public --> public 1.1.1.2:2053-->10.1.1.2:80
http  VPN:public --> public 2.2.2.2:2050-->10.1.1.2:80
http  VPN:public --> public 2.2.2.2:2051-->10.1.1.2:80
http  VPN:public --> public 2.2.2.2:2052-->10.1.1.2:80
http  VPN:public --> public 2.2.2.2:2053-->10.1.1.2:80
http  VPN:public --> public 1.1.1.2:2054-->10.1.1.2:80
```

本章小结

本章主要讲述了NAT 的基本知识、NAT的技术和NAT的应用配置等相关知识。本章知识点如下。

（1）NAT有三种类型：静态NAT（Static NAT）、动态地址NAT（Pooled NAT）、网络地址端口转换NAPT（Port-Level NAT）。

（2）NAT是将IP数据报文报头中的IP地址转换为另一个IP地址的过程，主要用于实现内部网络（私有IP地址）访问外部网络（公有IP地址）的功能。

（3）NAT具有一定的优点和缺点.

（4）NAT技术：基于源IP地址NAT技术、基于目的IP地址NAT技术和双向NAT技术。

（5）NAT应用配置：NAT配置、NAT Server & NAT Inbound配置和双出口NAT配置。

本章习题

1．什么是NAT？什么情况下要进行地址转换？

2．简述NAT的三种类型。

3．什么是公网？什么是私网？请区分公网IP和私网IP。

4．基于源IP、目的IP的NAT的配置的注意事项有哪些？

5．简述NAT技术的基本原理。

6．简述NAT的优点和缺点。

7．根据如图10-4所示搭建网络拓扑并配置。

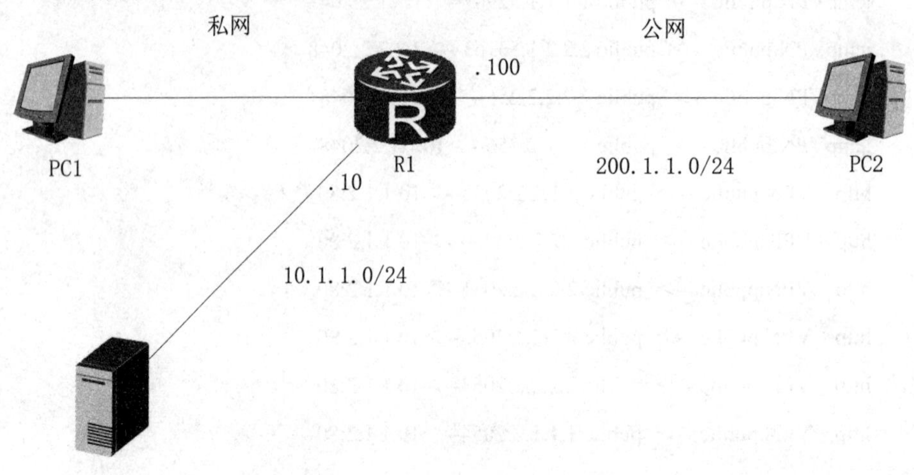

图 10-4　搭建网络拓扑并配置

8．根据如图10-5所示搭建企业网络的静、动态NAT。

在PC端熟练应用命令：ipconfig　/release　/renew　/all

连通性测试命令：Ping

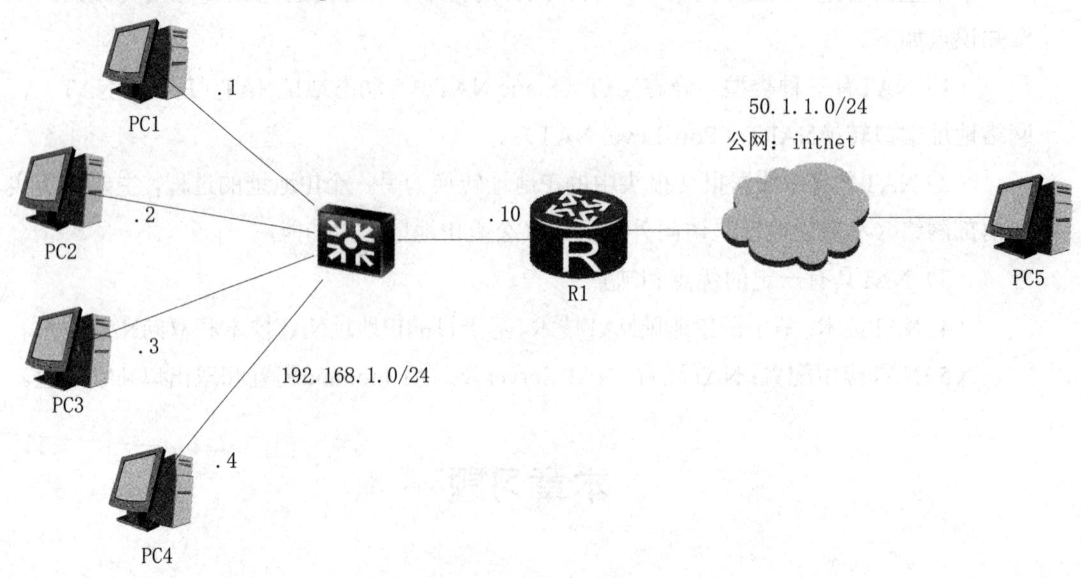

图 10-5　搭建企业网络的静、动态 NAT

9. 什么是PAT技术？企业网络中为什么常用到PAT技术？根据如图10-6所示的拓扑图进行配置，利用Wireshark工具抓取AR2接口的数据包。

注意：在配置时请务必分开公私网IP地址的应用场景。

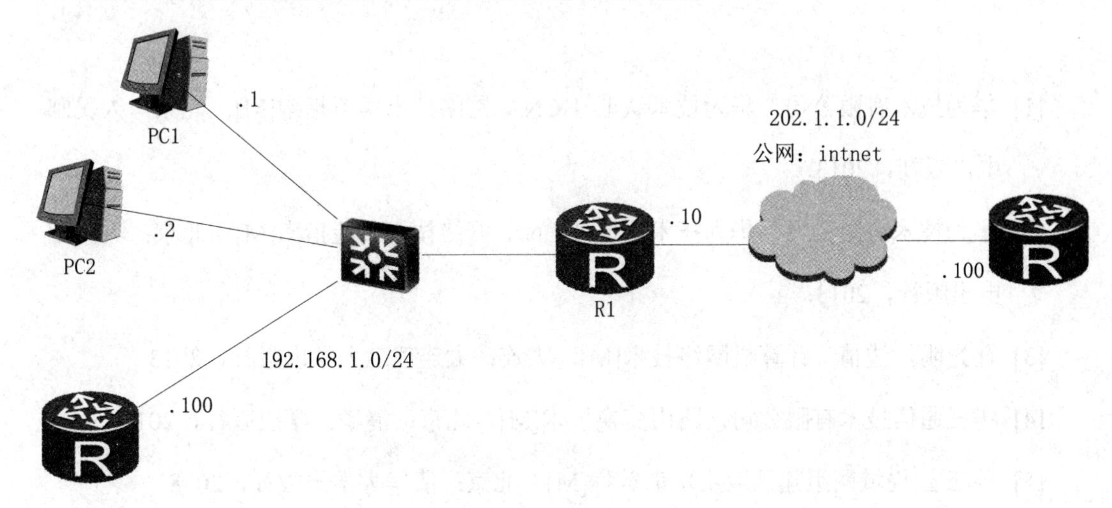

图 10-6　拓扑图

参考文献

[1] 华为技术有限公司．华为技术认证 HCNA 网络技术学习指南[M]．北京：人民邮电出版社，2013．

[2] 华为技术有限公司．华为技术认证 HCNA 网络技术实验指南[M]．北京：人民邮电出版社，2013．

[3] 鞠光明，边倩．计算机网络技术[M]．大连：大连理工大学出版社，2013．

[4] 华三通信技术有限公司．路由交换技术[M]．北京：清华大学出版社，2011．

[5] 孙江宏.局域网组建及应用培训教程[M]．北京：清华大学出版社，2008．

[6] 朱春燕，刘群，黄芳．计算机网络基础[M]．北京：北京希望电子出版社，2016．

[7] 梁广民．网络互联技术[M]．北京：高等教育出版社，2018．

[8] 刘京中，邵慧莹．网络互联技术与实践[M]．北京：电子工业出版社，2012．

[9] 叶涛，刘昕，昝风彪．网络互联与路由技术实验指导书[M]．北京：知识产权出版社，2017．

[10] 刘丹宁，田果，韩士良．路由与交换技术[M]．北京：人民邮电出版社，2017．

[11] 新华三大学．路由交换技术详解与实践[M]．北京：清华大学出版社，2017．

[12] 刘勇，邹广慧．计算机网络基础[M]．北京：清华大学出版社，2017．